"十四五"时期国家重点图书出版规划项目

图文中国古代科学技术史系列·少年版

丛书主编：戴念祖　白　欣

领先世界的中国古代数学

侯　捷　赵文君　赵宇涛◎著

河北出版传媒集团

河北科学技术出版社

·石家庄·

图书在版编目（ＣＩＰ）数据

领先世界的中国古代数学 / 侯捷等著 . —— 石家庄：河北科学技术出版社，2023.12
（图文中国古代科学技术史系列 / 戴念祖，白欣主编 . 少年版）
ISBN 978-7-5717-1367-6

Ⅰ . ①领… Ⅱ . ①侯… Ⅲ . ①数学史—中国—古代—青少年读物 Ⅳ . ① O112-49

中国国家版本馆 CIP 数据核字 (2023) 第 034328 号

领先世界的中国古代数学

Lingxian Shijie De Zhongguo Gudai Shuxue

侯　捷　赵文君　赵宇涛 / 著

选题策划	赵锁学　胡占杰
责任编辑	胡占杰
特约编辑	杨丽英
责任校对	张　健
美术编辑	张　帆
封面设计	马玉敏
出版发行	河北出版传媒集团　　河北科学技术出版社
地　　址	石家庄市友谊北大街 330 号（邮编 050061）
印　　刷	文畅阁印刷有限公司
开　　本	710mm×1000mm　1/16
印　　张	10.5
字　　数	168 千字
版　　次	2023 年 12 月第 1 次印刷
印　　次	2023 年 12 月第 1 次印刷
书　　号	ISBN 978-7-5717-1367-6
定　　价	39.00 元

如发现印、装质量问题，影响阅读，请与印刷厂联系调换。

序

党的二十大报告明确提出"增强中华文明传播力影响力，坚守中华文化立场，讲好中国故事、传播好中国声音，展现可信、可爱、可敬的中国形象，推动中华文化更好走向世界"。

漫长的中国古代社会在发展过程中孕育了无数灿烂的科学、技术和文化成果，为人类发展做出了卓越贡献。中国古代科技发展史是世界文明史的重要组成部分，以其独一无二的相对连续性呈现出顽强的生命力，早已作为人类文化的精华蕴藏在浩瀚的典籍和各种工程技术之中。

中国古代在天文历法、数学、物理、化学、农学、医药、地理、建筑、水利、机械、纺织等众多科技领域取得了举世瞩目的成就。资料显示，16世纪以前世界上最重要的300项发明和发现中，中国占173项，远远超过同时代的欧洲。

中国古代科学技术之所以能长期领先世界，与中国古代历史密切相关。

中国古代时期的秦汉、隋唐、宋元等都是当时世界上最强盛的王朝，国家统一，疆域辽阔，综合国力居当时世界领先地位；长期以来统一的多民族国家使得各民族间经济文化交流持续不断，古代农业、手工业和商业的繁荣为科技文化的发展提供了必要条件；中国古代历朝历代均十分重视教育和人才的培养；中华民族勤劳、智慧和富于创新精神等，这些均为中国古代科学技术继承和发展创造了条件。

每一种文明都延续着一个国家和民族的精神血脉，既需要薪火相传、代代守护，更需要与时俱进、勇于创新。少年朋友正处于世界观、人生观、价值观形成的关键期，少年时期受到的启迪和教育，对一生都有着至关重要的影响。习近平总书记多次强调，要加强历史研究成果的传播，尤其提到，要教育引导广大干部群众特别是青少年认识中华文明起源和发展的历史脉络，认识中华文明取得的灿烂成就，认识中华文明对人类文明的重大贡献。

河北科学技术出版社多年来十分重视科技文化的建设，一直大力支持科技文化书籍的出版。这套"图文中国古代科学技术史·少年版"丛书以通俗易懂的语言、大量珍贵的图片为少年朋友介绍了我国古代灿烂的科技文化。通过这套丛书，少年朋友可以系统、深入地了解中国古代科学技术取得的伟大成就，增长科技知识，培养科学精神，传播科学思想，增强民族自信心和民族自豪感。这套丛书必将助力少年朋友成为能担重任的国家栋梁之材，更加坚定他们实现民族伟大复兴奋勇争先的决心。

戴念祖

2023 年 8 月

前　言

　　人类在所从事的各种活动中大都要用到数字，并且用划道道、排棍棍等方式来表示各种数量。小孩子也往往能从周围的大人或年长一些的玩伴儿中了解一些算数（甚至速算）的常识，进而为在课堂上了解一些算术的法则做一些准备。特别是为了展示自己的聪明程度，许多少年朋友要去填写"纵横图"（即幻方）中的数字，计算一些"物不知数""鸡兔同笼""韩信点兵"之类的古典算题，以及一些"华容道""七巧板""九连环"之类的经典游戏，等等。虽然费些脑子，但能收获一些知识，做一些"有品味的"游戏，还是值得花一些精力的。

　　人们在发展数学之时，留下了许多充满趣味的故事。在这本书中，作者搜集了许多有趣故事，从这些故事中可以看到，许多有关数的知识是充满趣味的，这也是许多学生喜欢上数学课的原因。许多数学故事是作者精心挑选的，读者在阅读时不但会受到这些有趣故事的感染，而且在品评数学的趣味之外，少年朋友们还会了解到一些著名古算题中很好的算法。今天我们在继承古代先哲们在数学上用心取得的各种成果时，更赞叹其中所蕴含的科学精神。当然，读古人的数学故事可以明显感受到他们也是继承已有的成果，使数学薪火得以代代传承。这也成为我们喜欢数学甚至延伸到像物理、化学之类的理科知识的缘由。本书以通俗易懂的语言配以珍贵的图片为少年朋友介绍了中国古代数学中各种有趣故事，以期激发少年朋友发现数学之美，并获得阅读时的愉悦感。或许在了解古代数学家们开辟数学发展之路后，少年朋友更坚定勇攀数学高峰的决心。

编　者

2023 年 6 月

目　　录

一、趣味故事

在学习数学知识之时，人们感受到的往往是严谨的逻辑体系。其实，在数学中也充满了趣味，数学工作者或懂得一些数学知识的人在运用数学知识时就会发生一些有趣的事情，成为人们津津乐道的材料。

"九九"趣事

其实，远古的人们已使用最简单的"加"，只不过，加法要先分类、再（累）加，也就是说，不能在数羊时，累加上牛或狗的数量。不管这样的计数过程怎样，人们针对各种情况，不断地发明新的方法和规则（如四则运算的发明，正负数的运算方法等），并且不断地完善这些方法和规则。相传，伏羲氏制"九九"之术，"以合天道"，恐怕更多的就是这样的方法和规则吧！

在先秦，"九九表"就已较为普及，在湖南省湘西土家族苗族自治州里耶镇出土的木牍之中已有"九九表"，内容与北京大学的秦简《算书》载入的"九九表"很相近。里耶出土的"九九表"是迄今发现的最早的"九九表"。

"九九表"被广泛使用，可追溯到春秋战国时期。最初的"九九表"是从"九九八十一"到"二二如四"止，不包含 1×1，$1 \times 2 \cdots \cdots 1 \times 9$，故而共 36 句。因为从"九九八十一"开始，口诀开头两个字是"九九"，所以，人们就把它简称为"九九"，也叫"九九表"或"小九九"。13—14 世纪的时候才像现在这样排列，即：

1×1=1

1×2=2 2×2=4

1×3=3 2×3=6 3×3=9

1×4=4 2×4=8 3×4=12 4×4=16

1×5=5 2×5=10 3×5=15 4×5=20 5×5=25

1×6=6 2×6=12 3×6=18 4×6=24 5×6=30 6×6=36

1×7=7 2×7=14 3×7=21 4×7=28 5×7=35 6×7=42 7×7=49

1×8=8 2×8=16 3×8=24 4×8=32 5×8=40 6×8=48 7×8=56 8×8=64

1×9=9 2×9=18 3×9=27 4×9=36 5×9=45 6×9=54 7×9=63 8×9=72 9×9=81

在当时的许多书中，都有关于"九九表"的记载。在《荀子》《管子》《淮南子》《战国策》等书中就能找到"三九二十七""六八四十八""四八三十二""六六三十六"等句子。由此可见，春秋战国时，"九九乘法歌诀"就已经很流行了。

关于"九九表"，还有一个很传奇的故事。据说，春秋时的一代英主——齐桓公，为了广招贤人奇士，曾经广泛地贴出了"招贤榜"。可是"招贤榜"贴出了很久也没有人来应招。终于有一天，来了个读书模样的人。由于招贤榜贴出很久才有人来应征，兴奋的齐桓公亲自带人到招贤馆门口迎接。

没想到，来人二话没说，开口就朗声背诵"九九八十一、九八七十二、……二二如四"。背完后，向着齐桓公深深地作了一个揖，说道："让您见笑了。"而后来人就等着齐桓公授给他一个职位。

齐桓公和众人听完这段"九九表"都笑了起来，的确是真的"见笑"了。接着，齐桓公问道："难道会背'九九表'也算什么本领吗？就能表示你有才学吗？"来人却一本正经地回答道："大王，会背'九九表'实在算不上是一种才学。但是，大王如果能对我这样一个只会背'九九表'的人都能礼遇，天下真有才学的人难道不会接连地来投奔您吗？！"

齐桓公觉得言之有理，就说道："那么先生就是投奔来的第一位贤

士吧！"从此，天下的贤人纷纷来投奔齐桓公。依靠这些贤人，齐国也越来越强大。

韩信点兵

在汉初，著名的军事家韩信用兵如神，打了不少胜仗，被后人称为"兵仙"。他为汉王朝的建立立下了赫赫战功，曾被受封为楚王和齐王，后来被告发谋反，被降为淮阴侯。关于韩信的经历，流传着一些典故，比如"胯下之辱""明修栈道，暗度陈仓""背水一战"等，最神奇的便是"十面埋伏"。其中的"韩信点兵，多多益善"与数学知识有些关联，还颇有些传奇色彩！

"韩信点兵，多多益善"出自司马迁的《史记·淮阴侯列传》。上问曰："如我能将几何？"信曰："陛下不过能将十万。"上曰："于君何如？"曰："臣多多而益善耳。"这段对话是说，皇帝（刘邦）与韩信闲谈时问："你看我可以带多少兵？"韩信回："陛下不过可以带十万兵马。"刘邦又问："那你呢？"韩信自信地说："对于我来说那是越多越好啊！"

不过，关于"韩信点兵"还有一个说法。相传，韩信带领 1500 名士兵打仗，在一次战斗后，战死者达四五百人，他想确切地知道还有多少士兵。他命令士兵排好队，先是 3 人一排，结果多出 2 名；再 5 人一排，结果多出 3 名士兵；最后又令士兵 7 人一排，又是多出 2 名。韩信很快就算出了队伍中士兵的人数。那么，韩信如何知道当时有多少士兵？是怎么算出答案的呢？

解决上面的问题，先想到的就是穷举法。把每个条件满足的数写出来，然后找到相同的数。举例来说，除以 3，余数是 2 的数有：

2、5、8、11、14、17、20、23、26…

除以 5，余数是 3 的数有：

3、8、13、18、23、28…

除以 7，余数是 2 的数有：

2、9、16、23、30…

可以发现，满足 3 个条件的第一个数是 23。又由于 3、5、7 的最小公倍数是 105，所以最后的解为：

23+105*n*　　　　其中 *n*=0，1，2，3…

明朝数学家程大位在《算法统宗》中，将解法编成易于快速计算的《孙子歌诀》：

三人同行七十稀，五树梅花廿一枝。七子团圆正半月，除百零五便得知。

这个歌诀暗含着结果。其中"正半月"暗指 15。这个歌诀意思是：将除以 3 得的余数乘以 70（"七十"），除以 5 得的余数乘以 21（"廿一枝"），除以 7 得的余数乘以 15（"正半月"），3 个数相加后除以 105 得的余数就是答案。如以上问题求出的结果为 23。

这个歌诀的奥妙是，题中 70 是 5 和 7 的倍数，并且除以 3 余 1；但题中的条件与所求的数字是除以 3 余 2，所以所求数字该包含 2 个 70。21 是 3 和 7 的倍数，并且除以 5 余 1，所求数除以 5 余 3，包含 3 个 21。15 是 3 和 5 的倍数，并且除以 7 余 1，所求数除以 7 余 2，包含 2 个 15。上述相加得到满足条件除以 3 余 2，除以 5 余 3，除以 7 余 2 的数是 233。除以公倍数 105 的余数，即该问题的最小解。

这样的计算之后就能知道韩信的兵还有多少人了吗？这个求解的过程还可以列表表示。

"韩信点兵"的算法中所对应的数值

n	0	1	2	3	4	5	6	7	8	9	10	11	12	13	14
m	23	128	233	338	443	548	653	758	863	968	1073	1178	1283	1388	1493

共有 15 个可供选择的解（*n*=0，1，2，3…）。但由于 *m*<1500，又战死了四五百人，即 400—500 人。最后的解应是 *m*=23+105*n*，剩余

者应该在 1000—1100，查表可以看到，$n=10$，对应的 $m=1073$ 人。你答对了吗？

如果你在班里、公司里或车间里点人数，不妨试一试"韩信点兵"的方法！

"韩信点兵"的神奇传说与《孙子算经》中"物不知数"的算题有关。

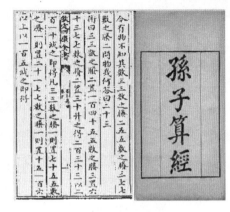

《孙子算经》

田忌赛马

田忌赛马的故事曾出现在小学课本中，孙膑用计策在劣势中取胜的智谋影响深远。这是我国古代运用对策思想解决问题的一个范例，出自司马迁的《史记·孙子吴起》。你知道田忌是怎么赢得比赛的吗？

故事发生在战国时期。在魏国做官的孙膑，因受到庞涓的迫害逃亡到了齐国。齐国的大将军田忌对孙膑十分钦佩，总向孙膑请教兵法上的问题。当时赛马是最受齐国贵族喜欢的娱乐项目，常以赛马取乐，并以重金作赌注。田忌和齐威王都热衷于赛马活动。通常，马按奔跑的速度分为上中下三等，等次不同装饰也不同。在赛马活动中，所有的马按着上、中、下三等各举行一场赛跑；在每个等级中，齐王的马都比田忌相应等级的马好，田忌是屡赛屡输。

在一次比赛前，孙膑给田忌出主意："今以君之下驷与彼上驷，取君上驷与彼中驷，取君中驷与彼下驷。"这是说，第一场用上等马鞍将下等马装饰起来，与齐王的上等马比赛，上等马自然冲在前面，而田忌的马自然要落在后面。 第二场比赛，田忌用自己的上等马与齐王的中等马比赛。第三场，田忌的中等马和齐王的下等马比。比赛结果是 2：1，

田忌赢了齐王。

　　齐王很是吃惊，一直都输的田忌是如何取胜呢？田忌告诉齐王，他的胜利不是因为找到了更好的马，而是用了计策。随后，他将孙膑的计策讲了出来，齐王恍然大悟，立刻把孙膑召入宫中。孙膑告诉齐王，取胜的道理，弱马对强马可以避开对手的锋芒，强马对弱马则可集中自己优势打击对方的弱点，以取得最后的胜利。作战要知己知彼，避敌锋芒，而在双方势力相差较远时，仍能以己之长攻敌之短，就能后发制人，以弱胜强。后来，国王任命孙膑为军师协助田忌将军治军，改善齐军的作战方法。孙膑参与谋划，齐军实力不断提升。

田忌赛马

　　田忌赛马这个故事告诉人们要学会变通，不拘泥于"死理"，要善于发挥长处，避免短处，即扬长避短，在竞争之中，出奇制胜。

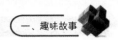

	第一场	第二场	第三场	获胜方
齐 王	上等马	中等马	下等马	
田忌1	上等马	中等马	下等马	齐 王
田忌2	上等马	下等马	中等马	齐 王
田忌3	中等马	上等马	下等马	齐 王
田忌4	中等马	下等马	上等马	齐 王
田忌5	下等马	上等马	中等马	田 忌
田忌6	下等马	中等马	上等马	齐 王

田忌赛马的多种策略

这个表中所体现的对策，是在解决问题的多种方案中，从优化的角度寻找最佳方案。或者说，田忌运用的对策是以"下等马"与对方的"上等马"比赛，以"上等马"与对方的"中等马"赛，以"中等马"与对方的"下等马"赛，最终获得了赛马的胜利。由此能体会到，在实际生活中寻求解决问题多种策略中的最优策略，用好的决策解决问题。这种优化思想有助于培养寻找解决问题最优方案的意识，以提高解决问题的能力。

八戒"混饭"

唐僧师徒4人经历了"九九八十一难"才从西天取经回到了东土大唐。在闲暇之时，他们经常帮助百姓解决一些问题，如耕作。可猪八戒好吃和懒惰的习性还是没改，想着师父有3个徒弟便能吃斋念佛，不干体力劳动，他也要学师父收好多徒弟，那不就能享清福了嘛！这样，猪八戒一下收了9个徒弟，他不仅没有带着徒弟念佛吃斋，反而带着徒弟去百姓家胡吃海喝。忌惮猪八戒的"法力"，百姓也不敢声张。

一位经常用智慧巧治懒人的慧仙姑娘听闻这件事后，来到猪八戒常去的村子开了一家饭店。正巧猪八戒来了，慧仙姑娘热情地招待，并表示："欢迎天蓬元帅到访！你们来小店，真是小店的荣幸了。你瞧，这儿有张圆桌，是专门为师父准备的。你们十位每次都按不同的次序入座，所有的次序轮完了，我就免费提供你们饭菜。但是，你们每吃一顿饭前，必须为村民做一件好事，你们看如何？"猪八戒一听，能免费用饭，那敢情好，便立刻应下了。

猪八戒

他们每次来吃饭并记下入座次序，过了几年仍然有多种次序还未轮过，猪八戒去向孙悟空请教。"你这呆子，怎么只想着占便宜，也不好好想想，你们是吃不到免费饭菜的，"孙悟空接着又说，"我来给你算算，假设是 3 个人吃饭，编上 1、2、3 的序号，排列的次序有 6 种，即 123，132，213，231，312，321。若增加一人，4 个人吃饭，第一个人坐着不动，其他 3 个人的座位就要变换 6 次，即 4123，4132，4213，……4321，当 4 个人都轮流作为第 1 个人坐着不动时，即：

4 与 1 对调一下，1423，1432，……1324；

4 与 2 对调一下，1243，1234，……1342；

4 与 3 对调一下，1324，1342，……1423；

总的排列次序就是 $6 \times 4 = 24$ 种。按照同样的方法推算，5 个人去吃饭，排列的次序就有 $24 \times 5 = 120$ 种……10 个人去吃饭，那就有 3628800 种不同的排列次序。按每天吃 3 顿饭，$3628800 \div 3$ 就有 1209600 天，将近 3320 年！"

猪八戒听了顿时满脸涨得通红，他明白了慧仙姑娘的真正用意。此后，猪八戒经常带着徒弟帮百姓们干活，他们不再被避之唯恐不及，重新获得了百姓的称赞。

曹冲称象

古人称重的工具构造简单，为很重的物体直接称重量并不容易。例如，为一头大象或猪称重，且又不能分割躯体来称量，该如何称量它的体重呢？

曹冲（196—208）是曹操之子。他十分聪慧，深受曹操疼爱。他的机智反映在"曹冲称象"的典故之中。《三国志·魏书·武文世王公传》记载：

> 时孙权曾致巨象，太祖欲知其斤重，访之群下，咸莫能出其理。冲曰："置象大船之上，而刻其水痕所至，称物以载之，则校可知矣。"太祖悦，即施行焉。

此事发生在汉末，当时孙权送来一只大象（"巨象"），曹操想知道象的重量（"其斤重"），询问众部下，都不能拿出称重的办法（"咸莫能出其理"）。曹冲说："可把象放在大船上，在水淹到船体的位置处（"水痕"）刻下记号，再装载物品到刻线位置，然后称量船上的物品，那么就可以知道了。"曹操十分高兴，马上实行。

曹冲称象

小吏把大象赶到一艘大船上，看船身下沉多少，沿着水面在船舷上刻一条线（"水痕所至"）作为标记。再把大象赶上岸，往船上装石头，装到船下沉到刻线的地方为止。然后称量船上石头的重量。石头有多重，大象就有多重，这样就能知道大象的重量。

曹冲称象用到的办法在东晋苻朗所著《苻子》一书中也有所记载，战国时期，北方人进贡给燕昭王一只大野猪，燕昭王派人饲养，结果15

年后这只大野猪长得巨大如山，4只脚都支撑不起身体了。燕昭王非常惊异，命令衡官用大秤称它有多重，但是秤杆折了几根也没有称出大野猪的重量，后来燕昭王命"水官浮舟而量之"。《苻子》一书早已失传，部分内容散见于后人的著述中。这个以舟称物的故事保存在南宋人吴曾写的《能改斋漫录》里。吴曾在援引《苻子》之后，明确指出："以舟量物，自燕昭时已有此法，不始于邓哀王。"

曹冲称象的奥妙便是：两次船舷上的线（"水痕"，邓哀王曹冲的谥号。）要与水面相平，进而作简单的代换就可得到：船重＋大象（或猪）重＝船重＋石头重，因此大象（或猪）重＝石头重，用多块石头的重量替代了不可拆分的大象的重量。这是等效替代法在称重中的一个典型应用。

丁谓运筹

运筹是对各种事务进行统筹安排，提出最优解决方案。运筹学是近代应用数学的一个分支，主要是将生产、管理中出现的一些带有普遍性的运筹问题加以提炼，然后从数学上加以解决，是一门用来解决实际问题的学科。在处理各种问题时，一般有以下几个步骤：确定目标、制定方案、建立模型、制定解法，从可行方案中寻求系统的最优解法。运筹学的思想在古代就已产生了，例如，刘邦夸奖张良，"运筹帷幄之中，决胜千里之外"。在楚汉交战之时，在知己知彼的基础上，张良帮助刘邦往往能制定最优的克敌之法。比较典型的运筹法的实例，还有丁谓的事迹。

丁谓

在北宋时，有一位名叫丁谓（966—1037）的官员，苏州人，曾经担任丞相。他自幼聪颖，过目不忘。

丁谓办事讲究方法，表现出较强的应对和处理各种事务的能力，他巧造玉清昭应宫便是一例。北宋沈括（1031—1095）在《梦溪笔谈》记载：

> 丁晋公主营复宫室，患取土远。公乃令凿通衢取土，不日皆成巨堑。乃决汴水入堑中，诸道木排筏及船运杂材，尽自堑中入至宫门。事毕，却以斥弃瓦砾灰壤实于堑中，复为街衢。一举而三役济，省费以亿万计。

在北宋年间，汴京城内皇宫不慎失火，一连烧了数日，很多宫殿被大火烧毁。宋真宗命丞相丁谓负责宫殿修复和重建工程。此项工程规模浩大，可分为三大部分，即：

（1）建造宫殿的土木砖石要采办，尤其盖皇宫用土量大；

（2）交通运输建筑材料艰难，路途遥远；

（3）之前宫殿的废墟和建好后的建筑垃圾要清理。

这诸多问题交织在一起，任务十分艰巨。

经过周密的思考，丁谓是这样处理这3种事务的。他先令人挖开工地附近的大街以取土，解决用土问题。取土后的大街形成了一条大沟，可将京城附近汴河的水引入沟渠，形成了宽阔的水道在水道上行船，运来木材石料，直达工地。宫殿建好后，丁谓又把碎砖破瓦等废弃物和建筑垃圾回填沟里，经过平整，街道仍可恢复原貌。丁谓的出色运筹，不仅解决了取土、材料运输和建筑垃圾处理这3个相互牵扯的问题，而且节省了时间和大量的建设费用。丁谓的运筹深得皇帝赞赏。

"丁谓造宫"的例子成为工程理论典型的系统管理实例，这种充满智慧的管理策略令人赞叹。用现代科学眼光看，丁谓重建宫室，采用了最优化的方法。在给定的条件下，充分利用有限的人力、物力，使得完成某项工程最快、最省、质量最好。比如，取土到郊外，再运输回来，花大量的人力；先清理建筑垃圾运出城，要多花些人力、物力；从外地运输建筑材料，水路转陆路，要多费时间。在这些方案都可以达到重建宫室的情况下，选取"一举而三役济"的方案达到了最优的效果。

后世常用"一举而三役济"，表示合理运筹，选用优化方法，保证完成某一项或几项有关联的任务，"一举三得"也由此而来。

一举而三役济

毛利拜师

明朝末年，著名的数学家程大位的《算法统宗》传到了日本、朝鲜和东南亚各国，对这些国家的数学发展有一定的影响。在《算法统宗》传入日本时还流传着一个小故事。

在明朝，有一位名叫毛利重能的日本数学家以使者和学者的身份来到了中国。毛利重能在杭州拜访

程大位故居

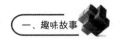

一些商人时，从商人口中得知，附近有一位精通珠算的人——程大位，他便想见一见这位珠算名家。毛利重能见到程大位，请教了一些关于珠算的问题，但由于观看程大位快速拨动算盘珠子，毛利重能没有听清程大位说的话，也没看清他是如何拨弄算盘珠的。于是他又提了这样一个问题：

> 九百九十九文钱，甜果苦果买一千。四文钱买苦果七，十一文钱九个甜。试问甜苦果各几，又问各该多少钱？

毛利重能聚精会神地盯住算盘，但这一次程大位并没有使用算盘，而是用手指比画了几下就得出答案了。毛利重能心服口服，便拜程大位为老师。这道题的答案是甜果 657 个，共需 803 文钱；苦果 343 个，共需 196 文钱，程大位将《算法统宗》送给了毛利重能，毛利重能便带回了日本，在日本将珠算发扬光大。

直到今天，程大位在日本还拥有一批拥趸。1986 年，我国的程大位纪念馆开馆，时值程大位逝世 380 周年，日本珠算协会得知消息，千里迢迢地赶过来，在程大位的雕塑前深深鞠躬。日本珠算界还有很多人专程来到程大位的故居来纪念他。然而，令日本友人没有想到的是，程大位虽是商贾之家，但他居住的房子远不如其他大户人家奢华，而是非常朴素。程大位将其毕生的资产大多用于中国珠算事业的传承与发展。"尺寸纫伟业，锱铢铸丰碑"——这是挂在程大位故居厅堂的对联，同时也是他人生的真实写照。

二、辉煌成就

在中国数千年的数学发展过程中，众多的数学工作者贡献着他们的智慧，并且取得了辉煌的成就，在此选择部分数学成就加以介绍。

杨辉三角

学过中学数学的读者对"杨辉三角"都很熟悉吧！在中学数学教材有关二项式的内容是较为重要的，在试卷中运用"杨辉三角"的知识解数学题也时有出现，在编写电子计算机的程序时也会用到"杨辉三角"。"杨辉三角"也被称为"贾宪三角"。"杨辉三角"究竟有什么奥妙，与杨辉、贾宪又有什么联系呢？

贾宪是北宋杰出的数学家，师从北宋前期天文学家和数学家楚衍。关于贾宪的史料大多已佚，贾宪撰写的《黄帝九章算法细草》（9卷）、《算法古集》（2卷）和《释锁算书》也都已失传。《黄帝九章算法细草》是继刘徽之后成就最高的注解著作，其中部分数学成果被南宋数学家杨辉摘录进《详解九章算法》等书中，从中可以看到贾宪的数学思想，这也使得贾宪对数学的部分贡献流传

《详解九章算术》中杨辉三角

后世。

　　杨辉在著作中，主要援引和注解了贾宪的"开方作法本源图"和"增乘开方法"。其中"开方作法本源图"是中国古代算名，为贾宪所创。这是一种将二项式展开式的系数可排成三角形的数字排列，称为"贾宪三角"。因为"开方作法本源图"被记载在杨辉编撰的书籍中，因此又被命名为"杨辉三角"，在西方称为"帕斯卡三角"，法国著名的数学家帕斯卡于1654年发现了这一规律，比杨辉的记载要晚得多。

　　《释锁算书》中的贾宪三角称为"释锁求廉本源"，"释锁"是宋元时期表示开方的词语，把开方求正根比作"开锁"。图有注文：

　　　　左裹乃积数，右裹乃隅算，中藏者皆廉，以廉乘商方，命实以除之。

　　大意为三角形的左边自上而下是二项式展开式中常数项系数，右边自上而下是二项式展开式中最高次系数，中间的数都是各次项系数，用各次项系数乘开方中的商，从实中减去。在"立成释锁法"中，开平方用第3层，开立方用第4层，依此类推。

　　"杨辉三角"中蕴含的数学知识，是把二项式系数图形化，使得二项式系数的性质与规律直观地表现出来，读者能体会到数学中形与数相结合的形式之美。"杨辉三角"可看作古代数学领域的一朵奇葩，表现出对称、和谐和坚实的结构，给人一种层出不穷和生生不息的美感。此后，阿拉伯人阿耳－卡西和法国人帕斯卡也提出过类似的"三角"。不过分别晚了400年和600年。元朝数学家朱世杰在《四元玉鉴》

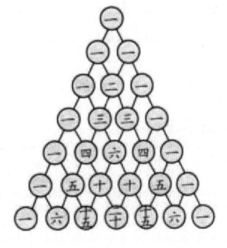

杨辉三角

中扩充了这个"三角"，形成"古法七乘方图"，作为级数求和的公式。

　　"增乘开方法"即求高次幂正根的方法。在开高次方时更显现出它的简捷便利，由此它成了求高次方程数值解的系统方法，比之前传统的方法程序化。今天中学数学中的综合除法，其原理和程序都与"增乘开方法"相仿。"增乘开方法"领先欧洲 700 多年，1819 年欧洲数学家霍纳的计算程序大致和"增乘开方法"相同。

秦九韶在《数书九章》中，在贾宪的"增乘开方法"基础上，总结并提出"正负开方术"，把求 n 次多项式的值转化为求 n 个一次多项式的值，而且可以求解一元十次方程，不仅式子里系数可为负数，还可以是分数。秦九韶把"增乘开方法"发展到了巅峰，所以有人把"增乘开方法"称为"秦九韶算法"。"增乘开方法"的发明是我国高次方程数值解法发展的一个重要成就，是我国宋朝数学领先于世界的重要标志之一。元朝数学家李冶和朱世杰继承了秦九韶的算法。

杨辉还有一些成就，如对筹算乘除捷算法进行了总结和发展，有的算法还被他编成了歌诀。在《乘除通变本末》中，他创立了"九归"口诀，介绍了筹算乘除的各种速算法。杨辉继沈括的"垛积术"研究之后，进行了高阶等差级数的研究，发展了这一领域。杨辉还对《九章算术》进行了编订，将 246 个题目按解题方法由浅入深的顺序，重新分为乘除、分率、合率、互换、二衰分、叠积、盈不足、方程、勾股等 9 类，使得学习者学习《九章算术》更加方便。

运筹行算

古人在记数的最初阶段，当然也会使用小石子、小绳结串、木片或竹片上刻划印等方法来记录数字。小竹棍或小木棍携带起来是非常方便的。这种小竹棍、小木棍就是算筹的前身。经过长时间的发展，古人借助算筹可进行加减乘除的四则运算。然而，在古代，"算"字有 3 种写法，即算、筹、祘。算和筹的意思是一样的，都表明用一种木棍或竹子制作的工具来进行记数或计算，这种工具被称为"算筹"。之所以把"算"

写成"筭"，意思是"计历数者……言常弄乃不误也"。这也是在告诫人们，要算得不错就要"常弄"（算筹）。

算筹在《汉书·律历志》中的记载是："其算法用竹，径一分，长六寸。"按1（汉）尺等于23厘米换算，6寸合13.8厘米，径0.7厘米。这样的记法也被记入《说文解字》中，在其"竹部"中载，"筭长六寸，所以计历数者，从竹从弄，言常弄乃不误也"。"算，数也，从竹从具。读若筭"。清朝著名的文字学家段玉裁为此作的注是，"筭为算之器，算为筭之用。二字音同而义别"。这是说，计算的"算"与"筭"同音，但含义不同。这说明，古人作筹算之时，一直是用算筹的。用算筹进行计算，已经很久远了，以至于后代人也讲不清楚了，但是，今天流传的说法是，"隶首作数"。这个"隶首"，照字面解，应该是一个有奴隶身份的头领，但是个头头，还会计算，类似于今天的会计。

6世纪，北周甄鸾有言："积算，今之常算是也，以竹为之，长四寸以效四时，方三分以效三才。"此后，《隋书·律历志》中记载，"其算用竹，广二分，长三寸"。按1尺等于29.5厘米换算，这种竹制的算筹长近9厘米，径0.6厘米，比起汉朝的算筹又短了不少，也变细了。携带更加方便了。

关于用算筹计数，要采用纵横相间的形式，而最早记在了《孙子算经》之中：

凡算之法，先识其位。一纵十横，百立千僵。千十相望，万百相当。

这种把纵式筹与横式筹相间排列的形式被一直沿用着。算筹记大数用位置来标识是很方便和合理的。

随着计算技术的不断发展，这种计算的技术形成了一门学问，其中包括不少技巧，人们便把这门学问或技术称为"算术"，当然也有叫"算学"的。

最后，说说"祘"。如今，这个字使用得很少了。古人写"祘"字是把这个字分为两部分，即"二"是一个"上"字，"小"写出来像3个竖道，表示日、月、星三种天体。古人认为，神居住在天上，它们可以从天界下到人间。这就是说，算筹可以用来算卦。当然，今天的"祘"字只是看成"算"字的异体字，也很少用了。

"数"，古字写成"籔"（甲骨文的字形与此有一些差别），今天属于繁体字。其中的"串"像在绳子上打的结，右边的部分表示人的右手，在进行记数，或弄这些绳结。

拨珠运算

珠算作为一门计算技术，很多人学习过。背诵"一上一，二上二，三下五除二，四去六进一……"这些耳熟能详的珠算口诀，并非难事，但我们要了解一下它的历史。中国古人最初使用筹算进行各种运算。经过长时间的发展，古人创造了更为简便的计算工具——算盘，珠算就是在算盘上进行数学计算的。

《数术记遗》

"珠算"的起源众说纷纭，莫衷一是。东汉科学家刘洪（约129—210）曾向徐岳（？—220）传授包括珠算在内的14种算法，刘洪作为珠算发明者和月球运动不均匀性的发现者，被后世尊为"算圣"。徐岳

撰写的《数术记遗》中曾记载："珠算，控带四时，经纬三才"，这是对珠算最早的文字记载。北周甄鸾对《数术记遗》所作的注释是："刻板分三寸，其上下二分以停游珠，中间一分以定算位，位各五珠，上一珠与下四珠色别。其上别色之珠当五；其下四珠，珠各当一，至下四珠所领，故云控带四时。其珠游于三方之中，故云经纬三才。"可见，早期的算盘上一珠下四珠，包含累数制、五进制、十进制等记数法，为后世算盘的发展奠定了基础。

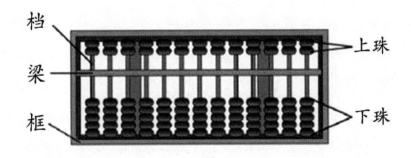

算盘

算盘由框、档、梁、珠共四部分组成，长框中放置数个档位，每档七个算珠（上二下五）。通常，横梁可以分隔出上珠和下珠，上珠一珠表示五，下珠一珠表示一。算珠以档定位，高位在左，低位在右，分个位、十位、百位、千位等，左档之珠皆为右档之珠表示数值的十倍。拨珠时用拇指、食指、中指三个指头。采用"五升十进制"，即下珠满五升为一上珠，每档满十向前一档进一。由于算盘为上二下五珠，但上一下四珠的算盘就够用了，可是为什么有一个上珠和一个下珠不常用呢？据推测，秦朝统一制定度量衡为十六进位制，一斤等于十六两，"半斤八两"的俗语也是由此而来。上二下五珠的算盘一档为15（2×5+5×1），按一斤为十六两，要满十六进一档，更便于使用。还有一说法是，乘法计算多用"留头乘"，运算三位数以上的乘法时，可将乘数首位留至最后，再与被乘数相乘，上一珠不够用往往需要上两珠。

最初的珠算运算法与现在有很大不同，元朝朱世杰的《算学启蒙》上记录的 36 句珠算口诀与今天的口诀大致相同。明朝时商业繁荣，交易使用珠算逐渐成为主流，并逐渐取代了筹算。明朝海外贸易的发达使珠算逐步传入日本、朝鲜、泰国等地，并在这些国家得到推广和普及。

珠算由筹算演变而来，珠算四则运算由口诀指导拨珠完成，很多口诀在筹算时就已出现。加减法，明朝称"上法"和"退法"。

加法口诀为：

一上一，一下五去四，一去九进一。

二上二，二下五去三，二去八进一。

三上三，三下五去二，三去七进一。

四上四，四下五去一，四去六进一。

五上五，五去五进一。

六上六，六上一去五进一，六去四进一。

七上七，七上二去五进一，七去三进一。

八上八，八上三去五进一，八去二进一。

九上九，九上四去五进一，九去一进一。

减法口诀为：

一退一，一上四退五，一退一还九。

二退二，二上三退五，二退一还八。

三退三，三上二退五，三退一还七。

四退四，四上一退五，四退一还六。

五退五，五退一退五。

六退六，六退一还五退一，六退一还四。

七退七，七退一还五退二，七退一还三。

八退八，八退一还五退三，八退一还二。

九退九，九退一还五退四，九退一还一。

乘法九九口诀，早在在春秋战国时已在筹算中得到应用，珠算中仍然用之。珠算除法口诀除沿用元朝筹算的"九归"口诀，如"二一添作五，逢二进成十，三一三十一"等等，还创造了一些新的口诀。除法有归除法和商除法两种。归除法分九归口诀、退商口诀和商九口诀。口诀完备

规范了珠算的算法体系，"拨珠得数"极大提高了计算速度，这些口诀直到现在还在继续使用。数学史家李俨曾引用明朝黄龙吟的《算法指南》（卷上）中有关算盘的论述：

> 夫算盘，每行七珠，中隔一梁，上梁二珠，每一珠档下梁五珠，下梁五珠，一珠只是一数。算盘放于人之位次，分其左右上下，右位为后，前位为上，后位为下。凡前位一珠，档后位十珠，故云逢几还十，退十还几之说。上法，退法，九归，归除，皆从右起，因法，乘法，俱从左起。

珠算也常常出现在很多文人墨客的作品里。宋朝张择端的画作《清明上河图》中，在药品柜台上出现一把算盘。画中的最左端，有一个药铺，名"赵太丞家"。还有楹联，上联是"大圣中丸医肠胃片"，下联是"治酒所伤真方集丸"。而在药铺前坐着一位妇女，怀抱着一个婴儿，像是来求诊的，旁边还立着一个妇人，应该是伴随而来的，其对面站立的男子可能是医生或店员。值得注意的是，在正面的桌子上放着一架算盘，算盘右边堆着一些药方。从画中的算盘看，这种算盘已不是唐朝流行的"游珠算盘"，而应该是竹档串珠的算盘了。元朝刘因《静修先生文集》中有题为《算盘》的五言绝句：

> 不作翁商舞，休停饼氏歌。执筹仍蔽篚，辛苦欲如何。

元曲中也有算盘相关的传唱。明朝出现了珠算书，比如现存最早的是徐心鲁的《盘珠算法》，流传最广的是程大位的《算法统宗》。

1972 年 10 月 14 日下午，周恩来总理会见了物理学家李政道博士和他的夫人。当周总理问到美国的计算机情况时，李政道提到："我们中国的祖先，很早就创造了最好的计算机，就是到现在还在全国通用的算盘。"周总理说道："不要把算盘丢掉。"算盘被誉为世界上"最古老的计算机"。

《清明上河图》中的算盘

　　现在珠算和人们生活依然相关。珠算口诀中"三下五除二""二一添作五"等习语广为使用。算盘作为装饰有了文化内涵，金算盘象征着富贵。算盘还表示算进不算出、招财进宝的祝福，在庙宇悬挂算盘象征善恶（计算）分毫不差。珠算仍然是少儿的必修课，并在珠算基础上创造了"珠心算"，在心中进行珠算计算，培养少儿的数学思维

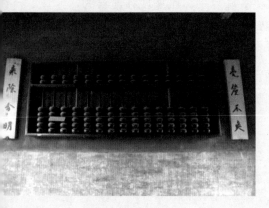

东岳庙的大算盘

和记忆力。在故宫中还有一本《算盘歌本》（作者孙振声），这是末代皇帝溥仪学习珠算时专门抄写的一本珠算歌诀。可见，少年皇帝学习时也要背诵口诀。另外，这也足见珠算的实用性和重要性。

　　2008年6月14日，珠算被列入第二批国家级非物质文化遗产名录。2013年12月4日，中国珠算项目列入教科文组

织非物质文化遗产名录。珠算作为中国古代数学程序化算法体系的模型和载体，体现着先进的算法，并蕴含着优秀的数学思想。珠算被誉为"中国第五大发明"，与造纸术、指南针、火药、印刷术并列。

格子乘法（铺地锦）

缎面上显现出几何纹样或细小花纹的蜀锦被称为"铺地锦"。制作"铺地锦"的工艺是锦上添花式的精美，如此华丽的"铺地锦"会与什么数学历史相碰撞呢？

"铺地锦"名字的由来源于当时意大利传入中国的一种数学计算方法——"格子乘法"。"格子乘法"出自明朝数学家程大位的《算法统宗》。用这种算法在纸上进行演算时，纸面像是形状如编织有整齐花纹的锦缎，故得名"铺地锦"。

相传，"铺地锦"是印度人发明的。印度著名数学家婆什迦罗的《丽罗娃提》书中有记载。在 12 世纪，"格子乘法"传入阿拉伯，通过阿拉伯人的传播，欧洲很快就开始流行这种算法。15 世纪中叶，意大利数学家帕乔利的《算术、几何及比例性质摘要》中出现了"格子乘法"。明朝时期"格子乘法"传入中国。

《算法统宗》中用歌诀的形式来表述"格子乘法"，题目为《写算歌》。其中写道：

> 写算铺地锦为奇，不用算盘数可知。法实相呼小九数，格行写数莫差池。
> 记零十进于前位，逐位数数亦如之。照式画图代乘法，厘毫丝忽不须疑。

这首诗记述了"铺地锦"是如何来计算的。这首歌诀开头是说铺地锦这种写算方法很奇妙，不用算盘便可以知道答案。第二联中"法、实"指的是乘法中的因数。这一联的意思是两个因数相互呼应，用九九乘法口诀计数，行竖格子里不要写错数字。第三联意思是求得积的个位满十向前（"向左"）进一位，各个位数依次这样计算。最后一联是说按照这个方法用画图来代替乘法，结果准确不用怀疑。这里的"厘毫丝忽"是古代的计算单位。

下面我们来直观感受一下"格子乘法"。计算步骤首先是根据因数的位数画出方格，并把格中画上斜线，然后在格子的上边从左往右写下因数和右边自上到下写下另一个因数，每格对应一个数字。再用乘法口诀把格子上边个位上的数与对应右边的数逐个相乘，把积位数分开高位在前写在斜线框中，最后把各条斜格里的数相加进位，得出的数从右往左、从下到上相连就是运算结果。

以 356×36 为例，用"格子乘法"计算如图所示，结果为 12816。

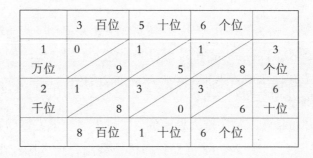

	3　百位	5　十位	6　个位	
1 万位	0 ／ 9	1 ／ 5	1 ／ 8	3 个位
2 千位	1 ／ 8	3 ／ 0	3 ／ 6	6 十位
	8　百位	1　十位	6　个位	

"格子乘法"示例图

"格子乘法"本质上是将两个因数的位数表示成表格形式，和竖式乘法相比，"格子乘法"的斜线格相当于竖式中的个位、十位、百位、千位等，每条斜线格上的数相加就相当于是相同数位上数相加。"铺地锦"是乘法算法里的"锦上添花"，它的特点是按乘法口诀填写好表格后很容易得出答案，而且较少发生错误，即便错了也容易查检出来；但是画格子和填写的过程较为烦琐，可以作为验算方法。相比之下，竖式计算比"格子乘法"简便得多了。

现在主要流行的竖式乘法在 15 世纪末出现。竖式乘法步骤是数位多的因数写上方，数位少的写下方，按位对齐，下面因数的个位数分别与上面因数各个位数的数相乘，把积的末位写在个位上，再用下面因数

的十位数分别与上面因数各个位数的数相乘，把积的末位写在十位上，依此类推，最后积相加得出结果。与"格子乘法"相比，竖式乘法更方便。

十进位制

小孩子在开始学习数字时，往往摆弄手指来计数，用一根手指表示1，10个手指表示10，当被问到11时，只好让脚趾来帮忙。可以说手指是人类最古老的计数器。在远古时代，交换物品时，人们也是用自己的手指帮忙计算。屈指可数，在20以内的数字还能数清，可20以外该怎么数呢？

古人发明了垒石子、结绳子的方法计数。1只、2只……10只猎物，10个手指数完后在绳上打一个结或者找来一块石头表示，这样就能知道打了几次绳结或有几块石头，然后又数了几个指头。"逢十进一"的思想由此产生，看来十进制的出现与10根手指密切相关。亚里士多德曾说，人类普遍使用十进制，只不过是绝大多数人生来就有10根手指这样一个解剖学事实的结果。

慢慢地，人类产生了数的概念，数字脱离了具体事物而独立存在。人们借助实物计数，通过积累经验还发明了计数的符号。早在旧石器时代晚期，位于北京房山区周口店的"山顶洞人"遗址出土的骨管上的圆点可能就是数字符号，1个圆点表示1，2个圆点并列表示2，3个圆点并列表示3，5个圆点排列上2个下3个表示5，长圆形可能表示10。中国青海乐都县出土的

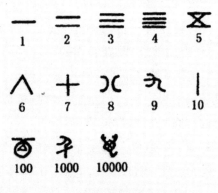

甲骨文的数字符号

1000多枚新石器时代骨片，每个骨片上都有刻痕，少则1条，多则8条，当时可能已有加法运算，并产生了十进制。

在出土的3000多年前商朝（约公年前16世纪到公元前11世纪）文物中发现了刻在甲骨和陶器上的文字。甲骨文和陶文里的数字符号是结绳记数的象形字，记录有一、二、三、四、五、六、七、八、九、十、百、千、万这13种数字。商朝人已经能用这13个单字记十万以内的数字，使用十进制计数。

新嘉量

中国的十进制度量衡的历史也是悠久的。公元前6世纪的一把周朝尺上反映着寸、分的刻度，十分为寸，十寸为尺。王莽设计和制作了"新嘉量"（"嘉量"是中国古代标准量器）以统一容积。规定，二龠（yuè）为一合，十合为一升，十升为一斗，十斗为一斛。春秋时期的歌诀"九九歌"是十进制与中国汉字相结合的成果。古人在运算时采用筹算、珠算方法，使用十进位制的数字。十进制对世界科学和文化的发展有重要意义。虽然在后世文字从甲骨文、金文、大篆、小篆，至隶书、草书、楷书、行书等演变到现在汉字的写法，但十进制的算法日趋完善一直沿袭到今天。

除了现在世界通用的十进制外，古代还有很多不同的进制。比如中华文化里有二进制思想，《易经》中"易有太极，是生两仪，两仪生四象，四象生八卦"。现在二进制是计算机技术中广泛采用的一种数制，采用高、低两个电位来表示"0""1"，计算机将十进制数转化为二进制数来储存和运算。再比如，1年12个月份，十二地支纪年法是十二进制计数的体现。还有十六进制，1斤等于16两，等等。

阿拉伯数字流行后，十进制数值用0、1、2、3、4、5、6、7、8、9十个数字符号组成的字符串表示，不同数位代表不同数值，高位在左，

低位在右。十进制数的加法规则是"逢十进一"。比如796，可写成
$7 \times 10^2 + 9 \times 10^1 + 6 \times 10^0$。

勾股定理

在孩童时，许多人都玩过七巧板吧！
七巧板是中国古老的智力玩具，非常精巧
有趣，广受幼儿的喜爱。七巧板的原理是
数学中的出入相补原理。出入相补原理最
早由三国时期魏国数学家刘徽所创。如果
用两副七巧板拼成一座房子模型，地基与
屋顶部分所用的面积相同，而且中间是直
角三角形。想不到吧，七巧板也可以用于
勾股定理的证明。

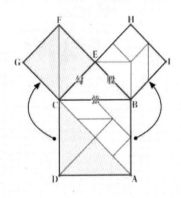

勾股定理与七巧板

勾股定理是几何中重要的定理之一，被誉为"几何学的基石"，而
且在数学和其他学科中应用极为广泛。作为数学史上伟大的定理之一，
勾股定理是第一个将数与形结合的定理，也是第一个有清晰解的不定方
程。勾股定理把数学几何由计算与测量转向证明和推导，它的证明是几
何论证的开端。

勾股定理的具体含义是直角三角形的两条直角边边长的平方和等
于斜边边长的平方。在中国古代，直角三角形称为勾股形，直角边短者
称为勾，长者称为股，斜边称为弦。勾股定理在国外又称为毕达哥拉
斯定理，数学语言表示为：在 $\triangle ABC$ 中，$\angle C=90°$，则 $A^2+B^2=C^2$。
当 A、B、C 为正整数时，有勾股数组（A，B，C）。最先被发现的勾
股数组为（3，4，5）。

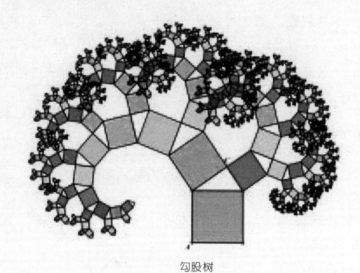

勾股树

在周朝，商高发现了"勾三股四弦五"最小的勾股数组，这被记载于《周髀算经》中，商高在与周公对话指出："勾广三，股修四，径隅五。"这表示，当直角三角形的勾为 3，股为 4 时，径隅（弦）则为 5。这是中国最早关于勾股定理的记载，所以也有人称勾股定理为商高定理。

如今勾股定理共有几百种证法，中国古代证明勾股定理的方法也不少。古人大都用图形证明勾股定理。图形的变换，看起来比代数推导好玩得多。三国时期吴国数学家赵爽在《勾股圆方图注》中将《周髀算经》中勾股定理内容表述为"勾股各自乘，并之，为弦实。开方除之，即弦"。这与现代基本相同。同时他作"勾股圆方图"，形数结合证明勾股定理，"按弦图，又可以勾股相乘为朱实二，倍之为朱实四，以勾股之差自相乘为中黄实，加差实，亦成弦实"。大意是，按照弦图，勾（A）与股（B）相乘为红色三角形面积的两倍，再两倍为三角形面积的 4 倍（即所有红色区域）。勾与股的差（$A-B$）平方是黄色正方形的面积 $(A-B)^2$，相加为整个弦图的面积（C^2）。即：

$$2AB+(A-B)^2=C^2 \text{ 或 } C=\sqrt{A^2+B^2}。$$

魏元帝景元四年（263 年），刘徽在《九章算术注》中，根据"割补术"即出入相补原理（几何图形分割成若干部分后，总的面积或体积不变），

作"青朱出入图"证明勾股定理。"勾自乘为朱方，股自乘为青方，令出入相补，各从其类，因就其余不动也，合成弦方之幂。开方除之，即弦也。"其大意是以直角三角形的直角边作正方形，以勾为边长的正方形为朱方，以股为边长的正方形为青方，两正方形一边对齐进行割补，形成以斜边为边长的正方形，即 $A^2+B^2=C^2$，进行开方得出弦长，从而证明了勾股定理。

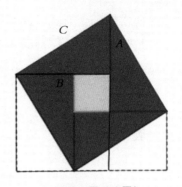

勾股圆方图（弦图）

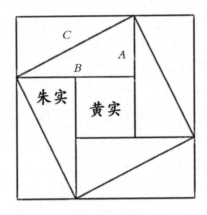

青朱出入图

根据赵爽"弦图"和刘徽的"出入图"，将 A 与 B 为边作正方形，可以很直观看出，分别以 A、B 为边的正方形面积之和等于以 C 为边的正方形面积，即 $A^2+B^2=C^2$，证明出勾股定理。读者不妨试试看，能不能设计一种办法来证明勾股定理呢。

用几何图形的割补进行勾股定理的证明，证明过程严谨直观，也

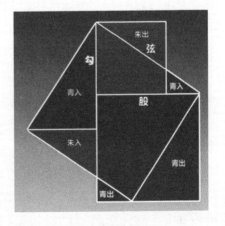

勾股圆方图

非常巧妙，为此后证明代数式间的恒等关系提供典范，形成了以形证数、形数统一的重要数学思想。

圆周祖率

说到圆周率，大家马上就会想起完美的圆，以及3.1415926这串数字。那么古人为什么要持续研究与探索圆周率呢？

圆周率是圆的周长与直径的比值，是圆的面积与半径平方之比，现在大都用希腊字母 π（pai）表示。圆周率是无理数，一个无限的不循环的小数，也是一个重要的数学常数，其值约等于3.141592653，通常被用于计算圆的周长、面积、球体积等几何数学。它还能用在电子计算机上，如通过计算圆周率测试电子计算机的性能，检验程序运转的情况，还可作为加密数字——一个难解的密码，人们背诵圆周率的小数位锻炼大脑的记忆力，圆周率的位数一定程度上甚至反映了国家的计算水平。

圆周率的历史可追溯至先秦时期。早在战国后期墨家著作《墨经》中就给出了圆的定义，"圆，一中同长也"。在更早的《周髀算经》中记载了数学家商高与周公讨论圆与方的关系。汉朝成书的《九章算术》在"方田"章中有"半周半径相乘得积步"的圆面积公式。魏元帝景元四年（263年），刘徽撰写的《九章算术注》一书中用"割圆术"证明了这个公式。

《周髀算经》中有"径一而周三"的记载。2世纪，东汉科学家张衡从研究圆与它的外切正方形的关系出发，在《算罔论》中提到"周率一十之面，开方除之，得"，定圆周率值为10的开方，约为3.162，这个值不够精确，但这是中国第一次用理论求得的 π 值。刘徽首创并借助"割圆术"，算到了正3072边形，求得两个近似数值为3.1415和3.1416的圆周率，被称为"徽率"。这为圆周率的研究奠定了理论和算法基础。南朝齐高帝建元年间（479—482），祖冲之在前人的基础上进一步把圆

周率精确到小数点后 7 位，给出朒（nǜ）数（不足近似值）为 3.1415926 和盈数（过剩近似值）为 3.1415927。祖冲之的"祖率"比欧洲领先了 1000 多年。祖冲之的圆周率，一个数是 $\frac{335}{113}$，比较精密，称为"密率"；另一个是 $\frac{22}{7}$，比较粗疏，称为"约率"， 圆周率的计算体现了古人探索的精神以及丰富的智慧。

三次方程

在古代实际上已经存在对于三次方程求解的问题了。我们以《缉古算经》中的第 2 问为例，对王孝通的三次方程解法进行介绍。题目如下：

> 假令太史造观仰台，上广袤少，下广袤多。上下广差二丈，上下袤差四丈，上广袤差三丈，高多上广一十一丈。甲县差一千四百一十八人，乙县差三千二百二十二人。夏程人功常积七十五尺，限五日役台毕。问台广、高、袤各几何？

这段话的意思是，假设太史官要建造一个长方台形观象台，下底的长和宽均大于上底，上下底的宽差 2 丈，上下底的长差 4 丈，上底长和宽之间差 3 丈，高比上底的宽多 11 丈，甲县派 1418 人，乙县派 3222 人参加建造，夏季施工，每人每天可筑 75 立方尺，限 5 日内完成。求台的长、宽、高。

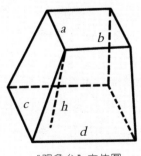

"观象台"立体图

对此，可设上底宽 $a=x$ 丈，那么则有下底宽为 $c=x+2$ 丈，上底长 $b=x+3$ 丈，下底长 $d=x+7$ 丈，高 $h=x+11$ 丈。两县共派了 4640 人，5 日完成，那么总共完成的体积为 $v=4640×0.075×5=1740$ 立方丈。其中 10 尺为 1 丈，因此 1 立方尺便是 0.001 立方丈。如图所示的四棱台，《九章算术》中称为"刍（chú）童"，并给出了"刍童"的体积计算公式，用图中的字母来表示即为：

$$V=\frac{h}{6}\left[\left(2b+d\right)a+\left(2b+d\right)c\right]$$

将设出的边长代入，则有：

$$V=1740=\frac{x×11}{6}\left[\left(2x+6+x+7\right)x+\left(2x+14+x+3\right)\left(x+2\right)\right]$$

即

$$3x^3+51x^2+215x=5033$$

若将三次项系数化为 1，则有：

$$x^3+17x^2+\frac{215}{3}x=\frac{5033}{3}$$

王孝通将三次方程中的常数项称为"实"，一次项称为"方法"，二次项叫作"廉法"，最高次项为 1，称为"隅"。但遗憾的是，书中并未给出具体如何求解这个方程的方法，只是简单地说了一句"开立方除之"，并给出了答案。根据现代数学家许莼舫（1906—1965）的研究，推想当时王孝通求解三次方程的方法可能是：

（1）先仿照《九章算术》中的开立方法约定初商，自乘系列于左。以"廉"（"廉法"的简称）乘初商，亦列于左。二数共与"方"（"方法"的简称）相并为下法，以初商乘下法减实而得余实。

（2）再 3 倍初商的平方，2 倍初商与廉的积，二数共与方相并为廉法，以廉法试除余实，而定次商。

（3）再 3 倍初商，加以廉，再乘以次商，所得的数与廉相并，再加次商的平方，得廉隅共法，又以次商乘廉隅共法，自余实内减去。

（4）如果仍有余实，仿上法续开三商。

对于本题而言，不妨试取初商为 7，那么初商的平方即为：

$$7 \times 7 = 49$$

初商乘廉即为：

$$7 \times 17 = 119$$

这两个数与方相加为：

$$49 + 119 + \frac{215}{3} = \frac{719}{3}$$

用初商乘之得

$$\frac{719}{3} \times 7 = \frac{5033}{3}$$

与"实"相减，正好减尽。故台的上宽为 7 丈，下宽为 9 丈，上长为 10 丈，下长为 14 丈，高为 18 丈，与王孝通给出的答案相符：

答曰：台高一十八丈，上广七丈，下广九丈，上袤一十丈，下袤一十四丈。

以上解法为许莼舫的推理，他说："当年王孝通的解法，当与此大同小异。"

三分损益

音乐中的很多术语与数学有关，在音乐简谱中用数字 1、2、3、4、5、6、7 表示 do、re、mi、fa、sol、la、si 这 7 个基本音级，休止以 0 来表示。在数字上加点则表示高八度，数字下加点则表示低八度，短横线表示时值。在中国古代同样有 7 个音阶，以宫、商、角、徵、羽为基础的五声音阶之外，再加上变宫、变徵。

声音是物体的振动产生的，音色不同是由于不同材质的物体产生的振动不同。音调由频率决定，振动得越快音调越高。乐器的弦长与频率成反比，而人耳对声音的敏感程度即音高与频率大致成指数关系。"音高"通常用半音、全音、八度之类的单位来衡量。两个音相差一个八度，它们的频率成 2 倍关系。一个八度等于 12 个半音，相邻的两个律音相差一个半音，其频率之比为 21/12，约为 1.06。

在古代，人们通过经验并借助计算发现了乐音变化的规律，音管长度的不同使声音发生变化，等等。在河南省舞阳县贾湖村新石器遗址出土的骨笛，距今有 8000—9000 年之久，是迄今发现最早的乐器。这也昭示着古代早已发明了乐音，并且初步具备了音律的知识。下表是用三分损益法得到的七音弦长的比值：

七音弦长的比值

度数	1	2	3	4	5	6	7	8
音名	c	d	e	f	g	A	B	c^1
阶名	do	re	mi	fa	sol	la	si	do^1
对 c 的音程	1	9/8	81/64	4/3	3/2	27/16	243/128	1/2
两邻音间音程	9/8	9/8	256/243	9/8	9/8	9/8	256/243	
两邻音间音分值	204	204	90	204	204	204	90	

注：按照现代的音名列出。

宫、商、角、徵、羽这五个音阶是以宫为基本音进行三分损益法计算得到的。三分损益法是古代音乐人发明的一种制定音律时所用的方法，根据某个基本音的弦长进行计算得到相关的不同乐音。三分损益法每制出新的若干律管，要按音高次序调整排列，进而得出十二律。"三分损益法"是世界上最早制定的"十二律"的方法。

"三分损益"包括两层含义，"三分"是将一段发声管（或弦）的长度分为 3 等份，"三分损一"中"损"是减去，减去一份后生成原音的五度高音，"三分益一"中"益"是增加，将长度增加 1 个等份生成原音的四度低音。两种方法可以交替运用、连续运用，各音律得以辗转相生。

"三分损益法"的最早记载出自春秋时期《管子·地员》篇：

凡将起五音，凡首，先主一而三之，四开以合九九，以是生黄钟小素之首，以成宫。三分而益之以一，为百有八，为徵。不无有三分而去其乘，适足，以是生商。有三分，而复于其所，以是成羽。有三分，去其乘，适足，以是成角。

大意是，凡是将要计算五音，首先，以 1 乘以 3，要乘 4 次，即 3 的 4 次方得 81，由此产生琴小弦的黄钟之音，生成宫音；把 81 分为 3 等份后加 1 份，得到 108，就是徵音；又从 108 中减去 1/3，生成商音（72）；72 加其 1/3，得到羽音（96）；再从 96 中减去其 1/3，生成角音（64）。

具体的推算过程是：

宫音的弦长为　　　　$1 \times 3 \times 3 \times 3 \times 3 = 81$

徵音的弦长为　　　　$81 \times 4/3 = 108$

商音的弦长为　　　　$108 \times 2/3 = 72$

羽音的弦长为　　　　$72 \times 4/3 = 96$

角音的弦长为　　　　$96 \times 2/3 = 64$

黄钟为十二律之一，表示音的高度，相当于现在所谓的 C 调。"小素"是琴的小弦。由于管或弦越长则音越低。以此排列，最低音是徵（108），次低为羽（96），居中的是宫 / 黄钟（81），商（72），角（64）。若按着"地员"中的算法继续推算，便可求得一个八度音程中的十二个律。下表为十二律的律长值。

十二律律长值

律　名	律长（单位：寸）	对应的音名
黄　钟	9.00000	宫
大　吕	8.42798	
太　簇	8.00000	商
夹　钟	7.49154	
姑　洗	7.11111	角
仲　吕	6.65914	
蕤　宾	6.32098	变徵

续　表

律　名	律长（单位：寸）	对应的音名
林　钟	6.00000	徵
夷　则	5.61865	
南　吕	5.33333	羽
无　射	4.99436	
应　钟	4.74074	变宫
清黄钟	4.43943	宫

在使用"三分损益法"，连续"损、益"各6次之后，可得到12个音，是音乐上一个八度之内的12个半音。古人将这12个半音音阶称为"十二律"，分别是：黄钟（c），林钟（g），太簇（d），南吕（a），姑洗（e），应钟（b），蕤宾（$^\#$f），大吕（$^\#$c），夷则（$^\#$g），夹钟（$^\#$d），无射（$^\#$a），仲吕（$^\#$e）。对这十二律再加以区分，可分出6个阳律和6个阴律，6个阳律称为"律"，6个阴律称为"吕"。黄钟与"三分益一"产生的为阳，六阳律即"律"，包括黄钟、太簇、姑洗、蕤宾、夷则、无射；用"三分损一法"产生的六阴律为"吕"，"六吕"包括林钟、南吕、应钟、大吕、夹钟、仲吕。

由于三分损益得到的十二律中最后一律仲吕后，再算出的律（第13个律）是回不到黄钟的，后代律学家继续研究，最终得到了"周而复始"的旋宫转调理论。

新法密率

明朝的朱载堉对乐律有了更进一步的研究，在他的著作《律吕精义》中写道：

度本起于黄钟之长，即度法一尺。命平方一尺为黄钟之率。东西十寸为句，自乘得百寸为句幂；南北十寸为股，自乘得百寸为股幂，相并共得二百寸为弦幂。乃置弦幂为实，开平方法除之，得弦一尺四寸一分四厘二毫一丝三忽五微六纤二三七三〇九五〇四八八〇一六八九，为方之斜，即圆之径，亦即蕤宾倍律之率；以句十寸乘之，得平方积一百四十一寸四十二分一十三厘五十六毫……为实，开平方法除之，得一尺一寸八分九厘二毫〇七忽一微……即南吕倍律之率；仍以句十寸乘之，又以股十寸乘之，得立方积一千一百八十九寸二百〇七分一百一十五厘〇〇二毫……为实，开立方法除之，得一尺〇五分九厘四毫六丝三忽〇九纤……即应钟倍律之率。盖十二律黄钟为始，应钟为终、终而复始，循环无端。此自然真理，犹贞后元生、坤尽复来也。是故各律皆以黄钟正数十寸乘之为实，皆以应钟倍数十寸〇五分九厘四毫六丝三忽〇九纤……为法除之，即得其次律也。安有往而不返之理哉。

在历代乐律家有关的研究之后，朱载堉认定：

（1）必需确定八度比值为2；

（2）选取适当公比数，采用等比数例计算。

照他自己话说，"潜思有年，用力既久，豁然不用三分损益之法""是故新法不用三分损益，别造密率"。这段有关新法密率计算的文字，除了古代算术以及用算盘进行开方运算的一些用语和概念之外，主要是在叙述如何找到公比数或密率。然后以密率除以起始音黄钟十二遍，就得到了现在的十二等程律。朱载堉的几个关键计算数字如下：

$$\sqrt{2} = 1.41421356237309504880168 9，为八度的一半；$$

$$\sqrt[3]{2} = 1.25992104989487316476721 1，为八度的 \frac{1}{4}；$$

$$\sqrt[12]{2} = 1.05946309435929526456182 5，为八度的 \frac{1}{12}。$$

朱载堉的数字都运算到 25 位，他是用 81 档大算盘进行开方运算的。在得到"应钟律数"之后，假定起始音黄钟为 2，将 2 累除以，除 12 次，就得到八度内 12 个律的音程数值。把 1.059463 自乘 12 次，就得到十二律的平均倍数，具体的数字是（单位为尺）：黄钟（正律）为

1.000000，应钟（倍律）为1.059463，无射（倍律）为1.122462，南吕（倍律）为1.189207，夷则（倍律）为1.259921，林钟（倍律）为1.334839，蕤宾（倍律）为1.414213，仲吕（倍律）为1.498307，姑洗（倍律）为1.587401，夹钟（倍律）为1.681792，太簇（倍律）为1.781797，大吕（倍律）为1.887748，黄钟（倍律）为2.000000。下表为朱载堉计算倍、正、半三十六律的数据：

三十六律数据

律名	倍律		正律		半律	
	弦长（尺）	相当今日音名	弦长（尺）	相当今日音名	弦长（尺）	相当今日音名
黄钟	2	c	1	c	0.5	c^1
大吕	1.887 748	$^{\#}c$	0.943 874	$^{\#}c$	0.471 937	$^{\#}c^1$
太簇	1.781 797	d	0.890 898	d	0.445 449	d^1
夹钟	1.681 792	$^{\#}d$	0.840 896	$^{\#}d$	0.420 448	$^{\#}d^1$
姑洗	1.587 401	e	0.793 700	e	0.396 850	e^1
仲吕	1.498 307	f	0.749 153	f	0.374 576	f^1
蕤宾	1.414 213	$^{\#}f$	0.707 106	$^{\#}f$	0.353 553	$^{\#}f^1$
林钟	1.334 829	g	0.667 419	g	0.333 709	g^1
夷则	1.259 921	$^{\#}g$	0.629 960	$^{\#}g$	0.314 980	$^{\#}g^1$
南吕	1.189 207	a	0.594 603	a	0.297 301	a^1
无射	1.122 462	$^{\#}a$	0.561 231	$^{\#}a$	0.280 615	$^{\#}a^1$
应钟	1.059 463	b	0.529 731	b	0.264 865	b^1
清黄钟	1	c	0.5	c^1	0.25	c^2

朱载堉在寻求解决"新法密率"的运算中，还创造了由四项构成的等比数列的计算方法。

在《律吕精义》中，朱载堉定黄钟之长为1，而后将每一个相邻的律长倍数为0.5，这样就形成了一个等比数列。

清朝的陈澧对等比数列的各项的求法做了总结，他写道：

连比例三率，有首率末率求中率之法：以首率末率相乘，开平方得中率。

连比例四率，有一率、四率求二率、三率。其法以一率自乘，又以四率乘之，开立方得二率；以四率自乘，又以首率乘之，开立方得三率也。

这里的"连比例"即等比数列。陈澧的"一率、二率、三率、四率"就是彼此之间有等比关系的 4 个数值，为了叙述方便在此用 a、b、c、d 来替代。按照陈澧的意思，知道"三率"，求解中率的方法是：在已知 a（"首率"）和 d（"末率"），求 $b(=c)$ 的数值（即比例中项）。具体的方法是：

$$ad=c^2, \quad (ad)^{1/2}=c。$$

第二题是：已知 a（"一率"）和 d（"四率"），求解 b（"二率"）和 c（"三率"）。其解是：

$$b=(a^2d)^{1/3}, \quad c=(ad^2)^{1/3}。$$

测量术

生活中，许多东西是需要测量的。比如，测量人的身高，测量物体的重量，量出布匹的长短，赛跑测时，等等。测量过程需要一些器具，同时也需要一些技巧。古人已掌握了一些测量方法，使用一些测量工具。山东省嘉祥县武梁祠的汉朝画像石闻名中外，其中有一块伏羲和女娲的画像石，伏羲手执矩，女娲手执规。规和矩是非常古老的测量工具，它们的发明年代已经无从考证，但《史记·夏本纪》中记载。在"大禹治水"时，他"左手拿准绳，右手拿规矩"。可见，在大禹时代，人们就已用规矩之类的测量工具了，在实施野外作业时要用到 4 种器具，即"准""绳""规""矩"，从这 4 种最常用的测量器具形成了一个成语——"规矩准绳"。

伏羲女娲画像

大禹像

"准"与"绳"要简单些。在《汉书·律历志上》中记载,"准者,所以揆(kuí)平取正也"。也就是说,"准"就是一种水准器,是用来确定水平面的装置。"绳"用来测长度和定平直,而且在古代常常"准"与"绳"合一,即"准绳"。所以,在一些图示中常常可以看到大禹的手中拿着"准绳"。大禹用来测量长度,确定地势之高程(差),并进一步修整土地。

"规"与"矩"在古代文献常常被提到。汉朝文字学家郑玄(127—200)写道:"规者,正圆之器也。"即用来画圆的工具。关于"矩"的记载也很多,如《汉书·律历志上》提到"矩者,所以矩方器械,令不失其形也"。因此"矩"是用来作方形的曲尺,类似今天的角尺,折成直角的形状。荀子曾说过:"圆者中规,方者中矩。"其中的"中"是适合或适用之意。类似的还有许多记载,如在《周髀算经》(卷上)中也有"圆出于规,方出于矩"的记载。而从应用的角度看,墨子指出,"轮

匠执其规矩，以度天下之方圆"。可见，为了方便，工匠随身携带规矩。

古人非常重视使用准绳规矩，人们不仅学习使用方法，而且还要学会计算方法。例如，殷末周初的周公曾经向数学家商高学习"用矩之道"，商高向周公介绍了 6 种用矩的测量之法，即"平矩以正绳，偃矩以望高，覆矩以测深，卧矩以知远，环矩以为圆，合矩以为方"。"平矩

汉朝的铜矩

以正绳"的意思是把矩的一边水平放置，另一边靠在一条铅垂线上，就可以判定绳子是否垂直；"偃矩以望高"意思是把矩的一边仰着放平，就可以测量高度；"覆矩以测深"意思是把矩颠倒过来，就可以测量深度；"卧矩以知远"意思是把矩平躺在地面上，就可以测出两地间的距离；"环矩以为圆"的意思是说如果把矩环转一周，便可画出圆；"合矩以为方"的意思是把两个矩合起来就可以得到方形。这说明，用矩可以定水平、测高度、测深度、测远近，以及画圆形和画方形。可见，方法得当，安放好矩的位置，用处是很大的。

使用矩进行测量，刘徽在他的《海岛算经》中有应用的实例，在"望谷""望楼""望清渊""望津""临邑"等节，都把矩作为主要的测具。在此举出"望津"之例题，即：

> 今有登山望津，津在山南。偃矩山上，令勾高一丈二尺。从勾端斜望津南岸，入下股二丈三尺一寸。又望津北岸，入前望股里一丈八寸。更登高岩，北却行二十二步，上登五十一步，偃矩山上。更从勾端斜望津南岸，入上股二丈二尺。问津广几何？

这个问题涉及用矩从山上居高临下地进行测量。测者先用矩分别观测河的两岸，再换一个更高的位置，离岸更远一些用矩测之，而后再计算出河面的宽度。由此可见，把矩用好了，可对山河进行测量，对于开路和治水工作是有帮助的。

三、古代名家

在中国古代数学发展中，涌现出了一批又一批的杰出人才，他们创造的业绩是今人应该记取的。他们也是我们今天学习的榜样。

"中国数学史上的牛顿"——刘徽

刘徽（约225—约295）是魏晋时期伟大的数学家，他的杰作《九章算术注》是《九章算术》最为著名的注解之一。其中的《海岛算经》，作为中国最早的一部测量数学著作，为地图学的发展提供了数学基础。它们都是中国最宝贵的数学遗产。

《九章算术》是以问题集形式编写的，只有问、答、术，却没有数学概念的界定和公式解法的推导过程。在《九章算术注》中，刘徽系统地注释了《九章算术》中的数学理论，有关数学方法的说明，整理完善了中国古代数学体系的理论基础，对很多数学概念提出了明确定义，比如正负数、幂（面积）、方程等，以问题集这种形式，总结出"以问题为中心，从例中学"的理念。《海岛算经》是《九章算术注》的第十卷，直到唐朝才被

刘徽

后人单独作为一部著作。《海岛算经》的主要内容是讲述重差术，用矩、表、绳作为测量工具，从不同位置测望，运用二次、三次、四次测望法，根据相似三角形的性质计算高深广远问题的方法。

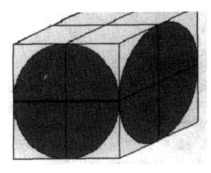

牟合方盖的概念图

刘徽的主要成就有提出"牟合方盖"说、方程新术、重差术、割圆术等方法，对我国古代数学体系的形成和发展影响深远。"牟合方盖"是指在一个正方体内相邻两侧作内切圆柱体的公共部分，对后世求球体积公式有重要意义。方程新术是线性方程组的新解法，运用了比率的思想。重差术则解决了测量高远的计算问题。

《九章算术》中分数四则运算、正负数运算以及计算几何图形的面积和体积等内容，在当时的世界上都是很先进的。刘徽在《九章算术注》中进行了大量的补充和证明，这些证明显示了他在多方面的创造性能力。

刘徽在数学上的贡献还有很多。他创造了开平方、开立方算法，对开方不尽的问题，他论证无理方根的存在，并提出十进制分数，用十进分数无限逼近无理根的方法，这个方法与后世所说的求无理根近似值的方法一致。刘徽是世界上最早提出十进制小数概念的人，并用十进制小数来表示无理数的立方根。在代数方面，他提出了正负数的概念和加减运算的法则，改进了线性方程组的解法；在几何方面，他提出了著名的"割圆术"，即"割之弥细，所失弥少，割之又割，以至于不可割，则于圆合体而无所失

80分

刘徽(生卒年不详)
魏晋时期数学家

中国邮政　CHINA

2002-18　(4-2) J

2002 年发行的刘徽邮票

矢"。这是一种将圆周用内接或外切正多边形穷竭和逼近的一种求圆面积和圆周长的重要方法。他还用"割圆术"计算圆周长、面积和圆周率。以计算圆周率为例，他从圆内接正六边形出发，取半径为 1 尺，一直计算到 192 边形，得出圆周率的近似值的分数值为 $\frac{157}{50}$。新的圆周率纠正了前人"周三径一"的说法。另外，他还得到了更为精确的圆周率（约3.1416），这就是有名的"徽率"。

在勾股理论方面，他论证了勾股定理与解勾股形的计算原理，包含出入相补、以盈补虚的思想；做出"青朱出入图"的证明方法，通过图形的分析，建立了相似勾股形理论。此外，结合"割圆术"求（分割）正多边形的方法和出入相补、以盈补虚的原理，刘徽还提出了关于多面体面积和体积计算的刘徽原理。

在演算理论方面，刘徽明确提出率的定义："凡数相与者谓之率"，即"率"为数量的相互关系，还用"率"来定义中国古代数学中的"方程"，即现代数学中线性方程组的增广矩阵。刘徽在世界数学史上占据重要的地位，被称为"中国数学史上的牛顿"。

祖冲之和他的世界纪录

祖冲之（429—500）的祖籍是范阳郡遒县（今河北省涞水县），南北朝时期杰出的数学家、天文学家和机械制造家。

在数学上，祖冲之推算出的圆周率比欧洲人计算的与此相当的圆周率要早 1000 多年。祖冲之使用的方法仍然是刘徽的"割圆"之法。但是，要计算到小数点之后 7 位数，就要

祖冲之

计算到圆内接 16384 边形的水平，这是多么令人望而却步的计算量！这也充分反映了中国古代计算数学高度发展的水平。为了纪念祖冲之的功绩，人们将月球背面的一座环形山命名为"祖冲之环形山"，并将编号为 1888 的小行星命名为"祖冲之小行星"。

在天文历法方面，祖冲之创制了中国历法史上著名的《大明历》。在《大明历》中，他首次引用了"岁差"的数据，完成中国历法史上的一次重大改革；他还采用 391 年中设置 144 闰月的新闰周，比古代发明的 19 年 7 闰的闰周更加精密。祖冲之推算的回归年和交点月天数都与观测值非常接近。

在机械制造上，祖冲之曾复制了指南车，其中一些构件是铜制的。他发明了利用水力春米磨面的水碓磨，能日行百里的"千里船"，以及一些计时仪器，如漏壶和欹器等。祖冲之不愧是一位杰出的机械制造专家。

在唐初开始的修史工作中，魏徵（580—643）等人纂修了《隋书》。《隋书·律历志》记载了祖冲之对圆周率计算的过程。书中写道：

> 宋末，南徐州从事史祖冲之更开密法，以圆径一亿为一丈，圆周盈数三丈一尺四寸一分五厘九毫二秒七忽；朒数三丈一尺四寸一分五厘九毫二秒六忽，正数在盈朒二限之间。密率：半径一百一十三，圆周三百五十五。约率为圆径七，周二十二。

文中的"开"就是"开创"之意；"以圆径一亿为一丈"，是把直径一丈分为一亿等份；"盈数"是圆周率的过剩近似值，"朒（nǜ）数"是不足近似值；"正数"是正确的数值，用今天的话说就是"真值"。这一数值用今天的形式表示为：$3.1415926 < \pi < 3.1415927$。

祖冲之对圆周率的计算利用了"割圆术"，这需要分别算出圆内接12288 边形和圆内接 24576 边形的面积，得到：

$S_{12288} = 3.14159251$ 平方丈

$S_{24576} = 3.14159261$ 平方丈

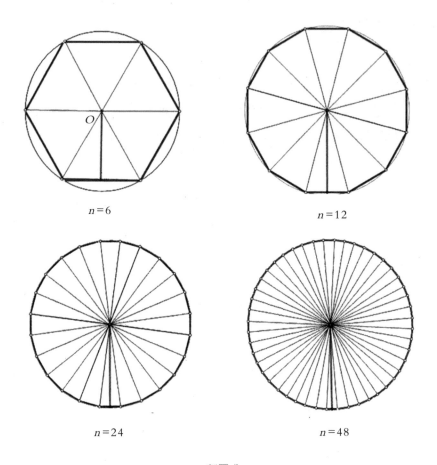

$n=6$ $n=12$

$n=24$ $n=48$

割圆术

两个数值差为：

$$\Delta S = S_{24576} - S_{12288} = 0.00000010 \text{ 平方丈。}$$

在演算的过程中，祖冲之从正六边形开始，把圆内接的正多边形"边数"不断加倍，计算这些正多边形的边长和面积。这里的24576＝6×2¹²，计算者要把同样的运算程序反复12次，而每次的运算程序包含四则运算和开方、乘方等11个步骤，其中乘方2次，开方2次，每个数据都要精确到一亿分之一，也就是说对9位数的数字进行132次

复杂运算，不能有一个差错。他的运算难度和烦琐程度是可想而知的。

史书记载，祖冲之给出了两个数据："密率"=$\frac{355}{113}$和"约率"=$\frac{22}{7}$。"约率"是一个供日常使用的较为粗略且能满足实际需要的数值，"密率"是一个更精确的数值。经过研究可知，以分数表示，在$\frac{355}{113}$之后，最佳的分数表示形式是$\frac{52163}{16604}$，在$\frac{355}{113}$和$\frac{52163}{16604}$之间没有"最佳分数"了，也就是说，在分母小于 16604 的数值中，只有分母为 113 的$\frac{355}{113}$更加接近 π 值。人们说到一个数据，自然会关心这个数据的精确程度。$\frac{355}{113}$=3.1415920…与实际的 π 值相比，相对误差为$\frac{9}{10^8}$。如果将$\frac{355}{113}$代入去求一个直径为 10 千米的圆的周长，计算结果只比真值大了约 3 毫米。

从"美观"上看，$\frac{355}{113}$中的分子和分母，由最小的 3 个奇数组成，即 1、3 和 5，这样的数据非常便于记忆。可见，祖冲之的发现，也可以看作是一个"美"的发现。$\frac{355}{113}$这个数字在欧洲晚了一千多年才被计算出来。由于祖冲之的杰出贡献，日本数学家三上义夫在他的著作《中日数学发展史》中建议，把$\frac{355}{113}$称为"祖率"。应该说，这个建议是合理的。

祖冲之得到的数据是一个十分准确的数据，直到 1427 年，中亚的阿耳－卡西才得到更精确的数据。

祖冲之的儿子祖暅，也是个杰出的数学家，但他在数学上的贡献至今只留下了一项，即"祖暅原理"。今天，这个原理也被称为"等积原理"。这个原理的内容是，夹在两个平行平面间的两个几何体，被平行于这两个平面的任意平面所截，如果截得的两个截面的面积总相等，那么这两个几何体的体积相等。对于一些复杂的几何形体，计算体积就要采用祖暅原理。祖暅的表述极其简明，即"缘幂势既同，则积不容异"。其中"幂"是截面面积，"势"是高。这句话意思是等高处截面面积

"祖暅原理"的应用——两摞相同高度硬币具有相同的体积

相等的几何体的体积总是相等的。在 1100 年之后，意大利数学家卡瓦雷利才提出了与祖暅原理相同的"等积原理"。

秦九韶与《数书九章》

秦九韶（约 1208—约 1268）南宋数学家。他非常聪明且勤奋，于南宋绍定四年（1231 年）考中进士，先后担任县尉和通判、参议官、州守等许多官职，曾在湖北、安徽、江苏和浙江等地为官。南宋景定二年（1261 年），他被贬至梅州（今广东梅县）。在秦九韶所处的时代，南宋王朝与蒙古军队战争频繁，秦九韶也亲身经历了战争之苦。

秦九韶

秦九韶在政务之余，广泛收集历学、数学、星象、音律和营造等领域的资料，进行分析和研究。他除了博览群书以外，还经常拜访当时天文历法和建筑方面的专家，请教关于星象和土木工程方面的问题。从游戏到文学，从技艺到武艺，他都非常精通，可以说是一个全才。在数学方面，秦九韶潜心研究。1244 年回家为母亲守孝，于淳祐七年（1247 年）完成数学名著《数书九章》（18 卷），书中阐述了他毕生的数学研究成果。

《数书九章》分为 9 章，即 9 大类，这 9 类问题是根据计算的对象来分的。它们分别为："大衍类"（一次同余式的解法，即"大衍求一术"）、"天时类"（历法的推算，还有雨雪量的计算）、"田域类"（测量土地面积）、"测望类"（勾股、重差等测量问题）、"赋役类"（田赋和户税问题）、"钱谷类"（征购米粮以及仓储容积问题）、"营建类"（建筑工程问题）、"军旅类"（兵营布置和军需供应问题）和"市物类"

（商品交易和利息计算问题）。

该书也采用了问题集的形式，每一类有 9 题（9 问），共计 81 题（81 问）。内容十分丰富，上至天文、星象、历律和测候，下至水利、建筑、运输、钱谷、赋役、市场计算和互易。正因此，《数书九章》全面反映了南宋时期的社会经济、生产生活、科学技术等方面的情况，亦可以作为史料来研究。该书许多计算方法直到今天仍有很高的参考和应用价值，被誉为"算中宝典"。书中记载的一些重要数学成果，如"正负开方术"和"大衍求一术"，代表了中国当时的先进水平，从世界范围看也是高水平的。《数书九章》是国内外数学界公认的一部数学名著。

《数书九章》

"正负开方术"是秦九韶对数学的一大贡献。中国古代数学家向来非常重视列方程与解方程的方法和理论，在《九章算术》中已载有开平方术和开立方术。祖冲之父子和王孝通也都对这种问题进行过深入研究。11 世纪，北宋数学家贾宪创造了"增乘开方法"，刘益提出了"正负开方术"，方程系数可正可负，打破了以前方程系数只允许为正整数的限制。秦九韶则集前人研究成果之大成，提出了一套完整的利用随乘随加逐步求出高次方程正根的程序，也称为"正负开方术"（现在称为"秦九韶法"），比英国数学家霍纳在 1819 年创立的同样方法早了 500 多年。

《数书九章》中"田域类"的"尖田求积"为：

> 问有两尖田一段，其尖长不等，两大斜三十九步，两小斜二十五步，中广三十步。欲知其积几何？
>
> 答曰：田积八百四十步。

这个问题的意思是说，有两个共底的等腰三角形围成的一块田，其腰不相等，大等腰三角形的腰长为39步，小等腰三角形的腰长为25步，底长30步，问这块田的面积是多少？

根据秦九韶的"术文"列出方程：

$$-4x^4+763200x^2-40642560000=0$$

在书中，解方程是用算筹来进行计算的。为了方便读者的阅读和理解，在这里就用阿拉伯数字来代替，并用图式（"尖田求积"问题的解法）来表示。但只是将方程式写出并在图式中显示，其中"商"便是方程的根或"试根"，"实"是常数项，秦九韶规定为负数；"方"是一次项常数，"虚方"表示一次项系数为0；"廉"为各项的系数，"益隅"为四次项系数，规定为负。最后，可得到方程的一个正根为840。

这套算法蕴含着多次的重复操作，基本都是自下而上的"随乘相加"，最后再由"实"减去。因此，这个算法有很强的机械性，而且今人可以简便地转化为计算机程序。

0	商
40642560000	实
0	虚方
763200	从上廉
0	虚下廉
1	益隅

"尖田求积"问题的解法

"大衍求一术"即一次同余式的通用解法，是秦九韶在数学史上的另一大贡献。最早记载一次同余问题的是《孙子算经》中的"物不知数"问题（也叫"孙子问题"），在"物不知数"问题的基础上，秦九韶在《数书九章》中明确给出了一次同余式的解法，成功解决了这一问题。他的"大衍求一术"在某些方面与现代计算机程序的设计相似。

　　除了"正负开方术"和"大衍求一术"外，秦九韶还有一些数学成就，比如他改进了线性方程组的解法，利用互乘相消法代替传统的直除法，这与现今的加减消元法完全一致；在开方问题中，他将刘徽"开方不尽求微数"的思想加以发展，使用十进小数表示无理根的近似值；在几何方面，他提出了"三斜求积术"，这与古希腊求三角形面积的海伦公式是等价的，等等。

　　秦九韶既重视理论又重视实践，既重视继承又勇于创新，他所取得的成就，在中国数学史乃至世界数学史上具有崇高的地位。清朝著名数学家陆心源（1834—1894）称赞说："秦九韶能于举世不谈算法之时，讲求绝学，不可谓非豪杰之士。"德国著名数学史家康托高度评价了"大衍求一术"，他称赞发现这一算法的中国数学家秦九韶是"最幸运的天才"。

数学奇才杨辉

　　杨辉（约 1238—1298）钱塘（今浙江杭州）人，南宋著名数学家和数学教育家。他的生平事迹已经无法详考，但他一生中所撰写的数学著作至少有以下 5 种 21 卷，包括《详解九章算法》（12 卷，1261）、《日用算法》（2 卷，1262）、《乘除通变本末》（3 卷，1274）、《田亩比类乘除算法》（2 卷，1275）和《续古摘奇算法》（2 卷，1275），但遗憾的是，有些著作（如《日用算法》）已经失传了。

杨辉像

　　杨辉小时候就聪敏好学，尤其喜欢数学，但当时关于数学的书不多，再加上研究数学的人也不太多，因此他只能搜集一些民间流传的习题来

学习。有一天，少年杨辉听说在100多里外的镇上有一位老秀才，不仅精通算学，而且还藏有《九章算术》和《孙子算经》等数学名著，他非常高兴地赶去求教。但老秀才见到杨辉后，说："你不好好读圣贤书，学什么算术！赶快走吧！"但杨辉依然表示，要跟着于老秀才学习，并且要拜老秀才为师。这时，老秀才心生一计，给杨辉出了一道难题：

直田积八百六十四步，只云阔不及长十二步，问长阔共几何？

这道题，就是一块长方形田的面积为864平方步，已知宽比长少12步，问长宽之和为多少步？老秀才出完题便往椅子上一靠，闭目养神。他心里暗自思忖，这道题他自己才刚理出点儿头绪，即使这个小伙子懂点儿算学，一两个月未必能算得出来。但谁知，正当老秀才闭目养神之际，杨辉开口了："先生，我算出来了，长宽之和共60步。"老秀才一听便从椅子上跳了起来，简直不可能，他随手拿起杨辉手中的算草，仔细看了起来。看后，老秀才不禁喊道："妙啊、妙！"原来，杨辉根据题意画成了如图所示的图形，此图由4个大小相同的长方形外加一个正方形组成，大正方形的边长等于小长方形的长宽之和，小正方形的边长等于小长方形的长宽之差。由题意，长宽之差为12步，则大正方形的面积为864×4+12×12=3600平方步，由于60×60等于3600，因此答案为60步。可见，这个方法之巧妙，怪不得老秀才拍案叫绝呢！杨辉被老秀才收为徒弟，研读了许多数学典籍，数学能力得到了全面提升。

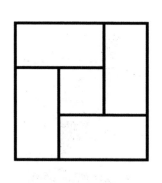

杨辉做出的图形

杨辉还是世界上第一个排出大量"纵横图"的数学家。"纵横图"起源于"洛书"，在"洛书"中，记载了著名的"九宫格"：

"洛书"中记载的"九宫格"

在南北朝数学家甄鸾在《数术记遗》中指出：

九宫者，二四为肩，六八为足，左三右七，戴九履一，五居中央。

然而，如何构造这样的"九宫图"呢？杨辉反复琢磨，终于发现一些"规律"，并总结成四句话：

九子斜排，上下对易，左右相更，四维挺出。

意思是说，先将 9 个数字从大到小斜排成 3 行，然后将 9 和 1 对调，左边 7 和右边 3 对调，最后将位于四角的 4、2、6、8 分别向外移动，排成纵横 3 行，就构成了"九宫图"。

按照类似的做法，杨辉还得到了"花十六图"，即把数字 1 到 16 排列在 4 行 4 列的方格中，使每一横行、纵行、斜行 4 个数之和均为 34。

"九宫"即横 × 竖 =3×3，"花十六图"即 4×4。

杨辉将散见于前人著作和流传于民间的这类问题加以收集和整理，得到了"五五图"（5×5）、"六六图"（6×6）、"衍数图"（7×7）、"易数图"（8×8）、"九九图"（9×9）和"百子图"（10×10）等。杨辉便把这些图统称为"纵横图"，写进《续古摘奇算法》一书中，并流传后世。

《续古摘奇算法》

这种"纵横图"在国外被称为"幻方"，可以看作一种供消遣的游戏。最早研究"幻方"的是古希腊士麦那的塞翁，他在130年的一本书中首次提到了"幻方"，比春秋时的"河图"和"洛书"要晚600年。直到1514年，德国著名画家丢勒才在一幅版画上绘制出完整的四阶"幻方"。这个"幻方"最后一行中间两个数字便是15和14，象征着这幅画作完成的年份。这是有记载的文献中，欧洲最早的一幅"幻方"，但比杨辉晚200多年，更不要说比"洛书"晚多少年了。

丢勒的"幻方"

杨辉著述丰富，他在数学教育上很有成就。他注重数学的普及教育，他的许多书都可以作为数学教科书。他主张学习要循序渐进，在《算法通变本末》中，他专门为初学者编制了"司算纲目"，让学习者抓住要

领，反复练习。"司算纲目"可以算是我国历史上第一部数学教学大纲。杨辉一生治学严谨，教学一丝不苟，他的教育思想和方法，对今天教学和学习也有很重要的参考价值。

李冶与《测圆海镜》

李冶（1192—1279）是真定府栾城县（今河北省石家庄市栾城区）人，金元时期著名的数学家。李冶生于大兴（今北京市大兴区），父亲为大兴府推官。李冶自幼聪敏，喜爱读书，曾在元氏县（今河北省元氏县）求学，对数学、历史和文学都很有兴趣。

李冶像

李冶原名李治，后来发现与唐高宗的名字相同，于是把"治"字减去一点，改为"冶"。在青少年时期，他曾与好友元好问（1190—1257）外出求学。1230年，李冶在洛阳考中诗词赋科进士，名震一时，还被时人称赞为"经为通儒，文为名家"。同年，他被任命为高陵（今陕西高陵）主簿，但随后蒙古军攻入陕西，任职地被占领，李冶无法上任，便被调往钧州（今河南禹县）任知事。1232年，钧州城也被蒙古军队攻破，李冶不愿投降，便换上平民服装逃入山西。这一年也成为李冶一生重要的转折点，他此后将近50年的学术生涯便由此开始。李冶先后在山西、河北等地游历，最后隐居在河北元氏县的封龙山。1233年，汴京（今河南开封）陷落。1234年初，金朝为蒙古所灭。在听闻国家灭亡的消息后，李冶与元好问痛心疾首，不再为官，而是潜心学问，过着贫困潦倒、"饥寒不能自存"的生活。

封龙书院

　　在封龙山隐居期间，李冶收徒讲学，并建起封龙书院。李冶在书院不仅讲数学，还讲文学和其他知识，并常在工作之余与元好问、张德辉（1195—1274）一起游封龙山，他们也被称为"龙山三老"。1257年，他在开平（今内蒙古正蓝旗）接受忽必烈召见。1260年，忽必烈即皇帝位，对李冶的才华早有耳闻，便多次请李冶出山为元朝效力。李冶于至元二年（1265年）应忽必烈之聘，去燕京（今北京）参加修史工作，但第二年便以老病为由辞职还乡。辞职后，李冶一直在封龙山讲学著书，继续过着清贫的生活。

虽然生活条件十分艰苦，但李冶却能够从各种学问中充实自己。他的研究工作是多方面的，包括数学、文学、历史、天文、哲学、医学。李冶的居室狭小，而且常常要为衣食奔波。但他却以著书为乐，从不间断自己的写作。经过多年的努力，李冶的《测圆海镜》终于在1248年完稿。它是我国现存最早的一部系统讲述"天元术"的著作，对"天元术"进行了全面总结，是我国数学史上的一部不朽名著。《测圆海镜》共12卷，收录了170多个问题，主要是已知三角形中各线段，利用"天元术"列方程求解内切圆和旁切圆的直径问题。

中国古代列方程的思想可追溯到汉朝的《九章算术》，一般是通过文字叙述的方法建立方程，没有明确未知数的概念。到了唐朝，王孝通已经能列出三次方程，但仍是用文字叙述的，仍未掌握列方程的一般方法。经过北宋贾宪、刘益等人的工作，列高次方程并求其正根的问题基本解决了。随着数学问题的日益复杂，迫切需要一种普遍的建立方程的方法，"天元术"便在北宋应运而生。但直到李冶之前，"天元术"还是比较幼稚的，记号混乱复杂，演算烦琐。李冶曾在东平（今山东省东平县）得到过一本讲述"天元术"的算书，书中没有用统一的符号来表示未知数的不同次幂，"以十九字识其上下层，曰仙、明、霄、汉、垒、层、高、上、天、人、地、下、低、减、落、逝、泉、暗、鬼"。这就是说，以"人"字表示常数，"人"以上9字表示未知数的各正数次幂（最高为9次），"人"以下9字表示未知数的各负数次幂（最低也是9次），其运算之繁可见一斑。因此，李冶在前人的基础上，将"天元术"改进成一种更简便而实用的方法。李冶在其书中提到的"立天元一为某某"，实际上就相当于今天的"设 x 为某某"。

李冶还进一步给出了化分式方程为整式方程的方法。他发明了负号和一套先进的小数记法，采用了从0到9的完整数码，改变了用文字阐述方程的旧方法，可以说形成了中国古代的一套"半符号代数"表达体系。其实，早在3世纪，刘徽就采用了十进分数思想，首创开方开不尽时用十进分数（小数）表示。到宋朝，秦九韶把这种十进分数推广到高次方程求解无理根，用小数表示无理数的近似值。李冶首创的小数记法就更加先进了。

除 0 以外的数码古已有之，可以用算筹表示，筹式中遇 0 用"空位"表示，还没有符号 0。从现存古算书来看，李冶的《测圆海镜》和秦九韶《数书九章》是中国人较早使用 0 的两本书，它们成书的时间相差不过一年。《测圆海镜》重在列方程，对方程的解法涉及不多。但书中用"天元术"求出许多高次方程（最高为 6 次）的根全部准确无误，可见李冶是掌握高次方程解法的。《测圆海镜》对后世影响深远，元朝王恂和郭守敬在编《授时历》的过程中，曾用"天元术"求解周天弧度。朱世杰曾评价道："以天元演之，明源活法，省功数倍。"清朝阮元说："立天元者，自古算家之秘术；而海镜者，中土数学之宝书也。"

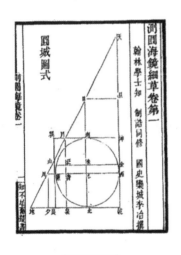

《测圆海镜》

《测圆海镜》是当时世界上第一流的数学著作，但由于内容较深，粗知数学的人看不懂，所以，李冶又于 1259 年在封龙山写成深入浅出、便于教学的《益古演段》。如果说《测圆海镜》是介绍"天元术"的代表作，那么《益古演段》则为普及"天元术"而作。《益古演段》把"天元术"用于解决实际问题，研究对象是日常所见的方、圆面积。《益古演段》全书 64 题，处理的主要是平面图形的面积问题，所求多为圆径、方边、周长之类，除 4 道题是一次方程外，其余全是二次方程。

李冶热爱科学，追求自由，作为一个有成就的数学家，在极端艰苦的条件下坚持科学研究，从不间断自己的工作。李冶善于接受前人知识，取其精华。李冶不管是为人还是学术，都不愧为一代楷模，他是 13 世纪世界最伟大的数学家之一。

《益古演段》

朱世杰与《四元玉鉴》

朱世杰（1249—1314）是燕山（今北京附近）人，元朝杰出的数学家。关于朱世杰的生平，资料很少。在别人为他的书所写的序言中，提到："燕山松庭朱先生以数学名家周游湖海二十余年矣，四方之来学者日众""汉卿名世杰，松庭其自号也，周流四方，复游广陵，踵门而学者云集"。由此可见，朱世杰以数学教学和数学研究为业，并且曾经周游四方，在多地授徒教书。据传，朱世杰在扬州定居期间，

朱世杰

曾把一位风尘女子救出苦海，并且在其精心的教导下，这位姑娘后来成为他数学研究的得力助手。几年之后，他们结为终生伴侣。因此，在扬州民间流传着"元朝朱汉卿，教书又育人；救人出苦海，婚姻大事成"的佳话。

《算学启蒙》

在数学领域，朱世杰在秦九韶、李冶和杨辉等前人数学研究的基础上对元朝的数学研究做出了创造性的贡献。朱世杰所处的时代，正值传统数学发展的鼎盛时期，社会上一片"尊崇算学，科目渐兴"的气象，一些数学著作在社会上广为传播。他的《算学启蒙》（1299）和《四元玉鉴》（1303）等名著，把中国古代数学研究推向了更高的境界，达到宋元时期中国数学的最高峰。

《算学启蒙》共 3 卷，分为 20 门，涉及 259 个问题和对应的解答。书中从乘除运算开始，一直讲到当时数学的最高成就

"天元术"，全面介绍了当时数学各方面的内容。书中数学知识体系完整，内容深入浅出，通俗易懂，是一部优秀的启蒙读物。该书还总结了各种常用数据、基本运算法则的歌诀等 18 条，其中的归除歌诀与后世珠算所使用的歌诀完全相同。朱世杰的《算学启蒙》可以说是站在了中国传统数学的高峰，厘清了中国传统数学几项最为重要的成就。

第一，朱世杰在书中深究了勾股形和圆内各种几何元素之间的数量关系，总结了前人的勾股和求积理论，并进一步发现了弦幂定理和射影定理。对于立体几何的研究，朱世杰由图形整体深入到图形内部，开始寻找图形内各个元素之间的关系。

第二，在列方程方面，朱世杰总结出关于"天元术"的一套固定程序。

第三，朱世杰在高阶等差级数方面，研究了最高到五阶的等差级数求和问题，并发现了"垛积术"和内插法之间的联系。

最后，对于求解方程，他将前人的工作提高到了"四元术"，即多元高次方程的解法。

朱世杰的另一本著作《四元玉鉴》共 3 卷，分为 24 门，涉及 288 个问题。书中详细介绍了朱世杰所创的多元高次方程组解法"四元术"，以及高阶等差级数的计算"垛积术"和"招差术"的研究成果。

"天元术"设"天元为某某"，设"某某"为 x，那么如果未知数不止一个，除设未知数"天元"（相当于 x）外，还需设"地元"（相当于 y）、"人元"（相当于 z）和"物元"（相当于 w），再列出二元、三元和四元的高次联立方程组，而后求解。在欧洲，解联立一次方程始于 16 世纪，对于多元高次联立方程的研究到 18—19 世纪才开始。可见朱世杰的工作远远走在了世界的前列。

除了"四元术"，在"垛积术"方面，朱世杰对于一系列新的"垛形"的级数求和问题进行了深入研究，并从中归纳为"三角垛"公式，得到了这一类任意高阶等差级数求和问题的系统、普遍的解法。朱世杰还把"三角垛"公式引用到"招差术"中，指出"招差"公式中的系数恰好依次是各"三角垛"的积，这样就得到了包含有四次差的"招差"公式。他还把这个"招差"公式推广为包含任意高次差的"招差"公式，这在世界数学史上是第一次，比欧洲牛顿的同样成就早近 4 个世纪。

除此之外，朱世杰还提出了一些重要的观点，如第一次正式提出了正负数乘法的正确法则，还探讨了球体表面积的计算问题等。

后来，《四元玉鉴》流传到朝鲜和日本等国家，翻刻本和注释本产生过一定的影响，并使它享有巨大的国际声誉，近代日本、法国、美国、比利时以及亚、欧、美许多国家的数学家都对《四元玉鉴》做出了高度的评价，《四元玉鉴》被普遍认为是中国古代数学著作中最重要、最有贡献的一部名著。美国的著名科学史家萨顿说，朱世杰"是中华民族的、他所生活的时代的，同时也是贯穿古今的一位最杰出的数学科学家"，《四元玉鉴》是"中国数学著作中最重要的，同时也是中世纪最杰出的数学著作之一。它是世界数学宝库中不可多得的瑰宝"。

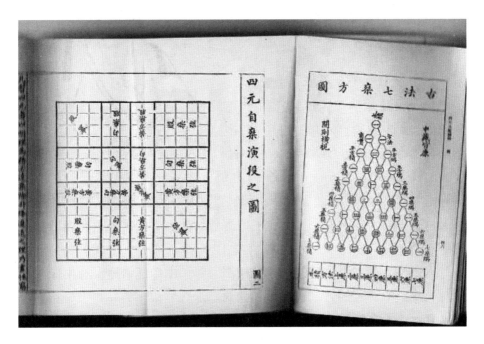

《四元玉鉴》

宋元时期是中国科技发展的高峰，也是中国数学发展的高峰。秦九韶、李冶、杨辉和朱世杰被称为"宋元数学四大家"，他们的著作大都流传至今，成为中国乃至世界的宝贵文化遗产，在世界数学史上占据着

重要的地位。

珠算大师程大位

程大位（1533—1606）是安徽休宁（今属安徽省黄山市）人，明朝珠算家和数学家。他出生于一个商人家庭，自幼喜欢数学。他对考取功名并不热衷，把主要精力放在了用于研究经世实用的学问上。明朝万历二十年（1592 年），程大位写成了《直指算法统宗》（简称《算法统宗》）。这本书是一部注重实用、图文并茂、完备通俗的算术应用书，共 17 卷。其中卷 1 和卷 2 为全书的预备知识，包括算盘的样式图解；卷 3—卷 16，与《九章算术》的目次类似，将各类应用数学题以及有关内容进行了分类编排。

程大位

程大位在书中不仅使用珠算对这些问题进行求解，同时还首次提出利用珠算进行开平方、开立方的方法；卷 17 为"杂法"，记载了多种多样的计算方法，如"铺地锦"和"纵横图"等。书中还讲述了利用珠算进行加、减、乘、除的方法，并编为歌诀。这些歌诀相当完善，一直到今天没有太大的变化，至今仍在流行和应用着。

《算法统宗》是从筹算到珠算这一转变过程完成的标志，同时也是流传下来影响最大的珠算书。从这时候起，珠算成了中国人重要的计算工具，筹算就逐渐被人们遗忘了。

为什么程大位会如此注重珠算的应用呢？原来，这与程大位早年的从商经历有关。在 20 岁时，他继承父业开始从事各种商业活动，曾去过安徽、江苏、浙江、湖南和湖北的许多地方。他发现各地商人所使用的算盘都不统一，有三五珠，三四珠和四四珠，而且打法也不规范，俗语"各打各的算盘"就是由此而来。因此，程大位决心要统一中国的算盘与珠算方法。在经商期间，他想尽办法广泛搜集各类古今数学书籍，甚至不惜重金购买带回家；他还拜访了许多老师，每每遇到精通数学者，"辄造访问难，孜孜不倦"。到

《直指算法统宗》

了 40 岁，程大位对经商的兴趣大为减少，回归故里，开始认真钻研古籍，撷取各家之长，再加上自己多年的研究心得，终于历经近 20 年，在花甲之年写成了巨著《算法统宗》。随后他又花费了 6 年时间，对该书删繁就简，写成《算法纂要》（4 卷），成为后世民间数学家和算法家的必读书之一。

《算法统宗》填补了中国珠算史的空白，同时还是一部博采诸多算学典籍精华的集大成之作。我国古代商贾和近现代的会计，几乎人手一部《算法统宗》。它在古代的发行量非常大，还出现了许多版本的改编本或简写本。

程大位还是我国卷尺的发明者。他生活在江南，和商人、农民接触很多，深知土地丈量的重要性，所以他对丈量土地这一问题也十分重视，不仅在书中总结了许多方便实用的计算公式，而且还发明了"丈量步车"。"丈量步车"类似于现在的皮尺，是一种测量土地的工具。在《算法统宗》第三卷"方田章"中，记录了"丈量步车"的原理及制作的文字说明。他制造的"丈量步车"使用起来非常方便，而且测量准确、迅速，受到了群众的欢迎。

程大位专务数学研究，善于探索，敢于发明的创新精神，不但值得我们今天学习和研究，而且也能够成为激励今人和后人的宝贵精神财富。

他的《算法统宗》极大地推动了我国乃至世界珠算学的发展，在我国数学发展史上是一部重要著作。

关于程大位的才智，还可以从他娶妻的故事中略窥一二。程大位的家境较好，父母给大位找的妻子是邻村戴家的千金大小姐，戴家也是当地有名的富商。当时两村之间隔着一条河，平常来往都是坐船。婚期将近，戴家老爷为了能够风风光光地举行婚礼，便要求程家在河上修建一座大桥，这座桥不仅能方便婚礼当天接送新人，而且对今后过往行人也是非常有利的。程家爽快地答应了，因为程家完全有能力修建这样一座桥。

但是，戴家老爷又提出，在结婚当天，程家要在连接两家的道路上铺满黄金。尽管路途只有十里，但若铺满黄金，则需要几十万两甚至几百万两。这对于程家而言是不可能办得到的。但戴家老爷坚持如此，否则就不把女儿嫁过去。程家上下不知该如何解决这一问题，只有程大位并不在意，他对父母说自己有办法，让父母不要担心。程大位并没有四处借黄金。到了婚礼的当天，程大位准备好后，众人都好奇程大位葫芦里卖的是什么药时，他要求迎亲的队伍把准备好的稻谷拿出来，一边走一边洒。当时正值艳阳高照，阳光洒在金黄的稻谷上犹如黄金一般，闪耀着光芒。戴家老爷对自己女婿的这种行为夸赞不已。婚后，程大位与妻子举案齐眉，生活和谐，家庭十分圆满。时至今日，在安徽省休宁县依然可以看到这座大桥，程大位的故事流传至今。

传入西方数学第一人——徐光启

徐光启（1562—1633）在天文历法、农学、军事等方面都有很高的成就，其实他在数学上也有很大的贡献。徐光启是松江（今上海）人，是我国明末著名的科学家。他于万历三十二年（1604 年）中进士，曾担任礼部尚书兼东阁大学士，又兼任文渊阁大学士。他没有当官之前，曾

在上海、广东和广西等地教书，他博览群书，在广东还接触到一些西洋传教士。在与西洋传教士的交往过程中，他深深地感受到西方科学技术的实用性和先进性，认为学习西方的科学技术对于国家的富强与发展，具有十分重要的作用。他从西洋传教士利玛窦那里学习了西方的科学技术，范围十分广泛，包括天文、历法、数学、测量和水利等不同学科，这些知识在他为官时对造福百姓起到了很大的作用。后来徐光启和利玛窦都到了北京，经常来往，一起研究学问。每次和利玛窦交谈，他总是被利玛窦的讲述深深吸引，尤其对利玛窦带来的大量西方书籍产生了浓厚的兴趣。

徐光启是最早引进欧洲数学的学者。他的数学译著有《测量法义》《测量异同》《勾股义》等，而且他和利玛窦合译了欧几里得的《几何原本》（前6卷）。其实利玛窦为了传教工作，很早就有翻译《几何原本》的打算。但由于难以克服语言上的困难，尤其是《几何原本》中的术语和概念的叙述，虽然也得到了一些中国学者的帮助，但由于我国的传统数学体系与西方数学体系差异极大，再加上许多中国学

徐光启

者的学养不够，因此早期翻译的结果很不尽如人意。在徐光启加入后，翻译情况明显得到了改善。徐光启并不懂外语，但他对几何学下了很大的功夫，凭借着过人的天赋，他与利玛窦一同克服了翻译过程中的各种困难，成功地将西方的几何学传入了我国。整个过程由利玛窦进行口述和讲解，徐光启进行笔述和润色。在《几何原本》的翻译过程中，徐光启并没有可以参照的词表，他能够理解《几何原本》的内容已属不易，许多译名都必须要创造。他煞费苦心，精细研究，比如，"几何原本"这个译名，便是由徐光启翻译出来的，今天"几何"这个词也代表了数学学科的一门分支。此外还有诸如点、直线、曲线、平行线、角、直角、钝角、锐角、三角形、四边形……这些名词都是由徐光启确定下来的。

他翻译得十分恰当，沿用至今，还传到了日本、朝鲜等国。其中只有极少数的几个词经过改动，如"等边三角形"，当时徐光启称为"平边三角形"。可见，徐光启的工作是一种创造性的劳动，他对于翻译，始终力求保持原作的准确性和真实有效性。

利玛窦　　　　　　　　徐光启（右）与利玛窦（左）讨论问题

《几何原本》的传入，在中国数学界引起了巨大反响。徐光启更是指出："此书为益，能令学理者祛其浮气，练其精心，学事者资其定法，发其巧思，故举世无一人不当学。……能精此书者，无一事不可精，好学此书者，无一事不可学。"《几何原本》的价值不在于它所论述的数学知识，而在于给当时的中国数学家提供了一个全新的数学体系。到了清朝，众多中国数学家在《几何原本》的启发下，开展了深入的数学研究活动，并且取得了显著的研究成果。《几何原本》对于开启中国的现代化具有十分重要的影响和意义。时至今日，几何学也成为中学数学的必学内容，实现了当时徐光启所说"无一人不当学"的目标。

徐光启廉洁奉公，训诫子孙不要虚度年华。据记载，徐光启卒后，"囊无余赀"（身上没有多余的钱财），"请优恤以愧贪墨者"（请

皇上加以优恤，让那些贪污的人感到羞愧）。朝廷还追赠他为太保，谥号"文定"。徐光启以进取之心追求真理，以创造之心融汇中西，以肝胆之心报效国家，他的开放性与创造性的精神将永远激励后人不断进取，敢于创新。

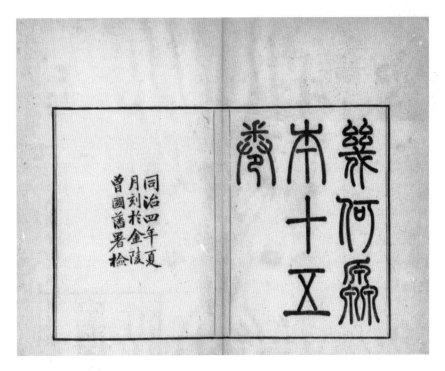

徐光启与利玛窦合译的《几何原本》

中西数学通——梅文鼎

　　梅文鼎（1633—1721）是安徽宣城人，清朝算学大师。他自幼聪颖，有"神童"之称，经常随父亲梅士昌和老师罗王宾仰观天象，学习天体运行的知识。他14岁就考中了秀才，但他一生不追求功名利禄，未走上仕途。他酷爱读书，博览多知，尤其喜欢学习历算知识，但凡哪里有

梅文鼎像

人精通历算，必设法去请教。引领他走上科学道路的是一位道士倪正（1616—？）。在跟随倪正系统地学习了几部天文学著作之后，他立志自学天文历算和几何学。梅文鼎著作共计有近百种，数学著作26种，被时人称为"国朝算学第一人"。

当时，从西方传入的数学和天文学内容包括几何、三角术、对数和球面天文学等。梅文鼎对这些内容进行了系统的研究，如《几何原本》、比例数（对数）、西洋的笔算和筹算（这与中国传统的"筹算"不是一回事）。梅文鼎在康熙十九年（1680年）完成了《中西算学通》一书，书中编录了梅文鼎的9种著作，包括《筹算》《笔算》《度算》《比例数解》《三角法举要》《方程论》《几何摘要》《勾股测量》和《九数存古》，这些著作将中国的传统数学与西方的数学融汇在一起。

梅文鼎所说的"会通"，并非将中学和西学强行捏合在一起，而是试图遵循其"自然之理"，找出两者内在的交汇点，使两者有机地结合起来。而且他认为"会通"是"其通者，吾通之；其不可通者，固不敢强为之说"。他认为，中西方的数学应该是相通的，科学研究应该不分中西。他抱着实事求是的态度看待我国的数学成就，虚心接受研究西方的数学成果，这是他能够对中西数学有卓越见解的原因之一。

《中西算学通初集》

除此之外，梅文鼎在几何学领域成就也很高，主要著作有《几何补编》（4卷）和《几何通解》（1卷）等。梅文鼎曾深入研究了《几何原本》，并且试图将欧几里得的数学体系与中国传统数学体系融为一体。在《几何通解》中，他利用我国的"勾股定理"证明《几何原本》中的许多命题，来达到"会通中西"的目标。《几何补编》则是对立体几何学进行了阐述和介绍，是梅文鼎独自研究出来的。在书中，他讨论了等四面体、等八面体、等十二面体及等二十面体的几何性质，并对求体积、求多面体一面的面积、内切外接球的半径及体积的方法进行了阐述。梅文鼎86岁时，与他同时代的医学家魏荔彤将他的所有著作合编印成《梅氏历算全书》，该书印成不久便流布海外，东传日本，对日本的数学发展也起到了一定的促进作用。

梅文鼎是最早深入研究"理分中末线"的中国数学家。所谓"理分中末线"就是通常所说的"黄金分割线"，最早由古希腊的毕达哥拉斯学派提出。由于传统数学中没有这一概念，在梅文鼎研究之初，并未引起重视，甚至一度怀疑它存在的真实性。经过多年的努力，他终于厘清了"理分中末线"的理论意义及用途。梅文鼎还成功地分割出"十等分圆""正二十面体""正十二面体"等。可见，梅文鼎在黄金分割上的运用已经达到了很高的程度。此外，梅文鼎还首创了"递加法"，以对黄金分割无限下推的方式组建连比例三角形。由于这一过程可以无限往下推，因此可以得到一个由黄金分割所形成的无穷级数，这是我国数学家独立完成的无穷级数研究，对中国数学发展产生了一定的影响。

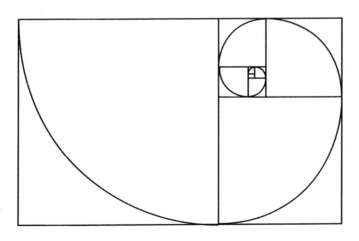

黄金分割线示意图

梅文鼎纪念馆中的康熙赐字匾额

梅文鼎的弟弟梅文鼐（nài），儿子梅以燕，孙子梅瑴（jué）成，曾孙梅钫、梅鈖等人也对数学很有研究。这个祖孙四代的数学大家族，即使是在世界数学史上也是很少见的。梅文鼎以毕生精力从事数学研究，当时登门求教的人很多，凡是他所知道的，无不详细告诉别人，并且虚心与别人一起研究，相互交流。康熙皇帝也很重视梅文鼎的研究工作。康熙四十四年（1705 年），康熙南巡北归时，御舟行至德州运河岸边，一连三日在舟中召见梅文鼎、梅瑴成，赐茶赐座，赐御书扇幅，与二人研讨天文数学，每天直到深夜。临别之时，康熙除了向梅文鼎赠物外，还御书"绩学参微"四个大字，以表彰他在天文和数学方面的辛勤劳动和精深造诣。梅瑴成后来还被康熙皇帝召到内廷学习算法，编纂《御制数理精蕴》一书。

梅文鼎凭借着对数学的热爱，虚心学习新知识。正是凭借强大的求知欲，梅文鼎耗费了数十年时间，深入钻研，终成一代数学大家。这种精神是值得后人学习和传承的。

梅瑴成与《增删算法统宗》

梅瑴成（1681—1763）是梅文鼎的孙子，他也是清朝一位非常出色的数学家。梅瑴成年轻时便跟随祖父梅文鼎学习数学，还多次随祖父游历，与各地学者交流。在他 32 岁时，康熙皇帝将他招入圆明园内的蒙养斋培养，而后任翰林院编修和督察院左都御史等职。他参与编纂了《御

制数理精蕴》（简称《数理精蕴》）、《历象考成后编》和《仪象考成》等书，还整理了祖父梅文鼎的著作，在乾隆二十六年（1761 年）编成《梅氏丛书辑要》。他自己的著作有《赤水遗珍》《操缦卮言》和《增删算法统宗》共 3 种。

  《赤水遗珍》是一本论文集，附于他整理的《梅氏丛书辑要》之后，包括有关数学的论文 15 篇，汇集了梅毂成的数学研究心得。在《赤水遗珍》中，梅毂成首次介绍了西方计算圆周率的方法。求圆周率的数值，不仅在我国是一个重要的问题，在西方也是如此。我国古代数学家求圆周率的主要方法是"割圆术"。在 16 世纪，欧洲数学家开始使用级数展开的方法计算圆周率，在 18 世纪初来到我国的法国传教士杜德美介绍了这种方法，并

《梅氏丛书辑要》书影

且很快被当时的数学家所接受，其中就包括梅毂成。梅毂成在《赤水遗珍》中对西方的方法进行了翻译，并加以简要解释，为后来的学者开辟了道路。《操缦卮言》是有关天文历法的一本论文集，共 18 篇，多数是他参与修订《明史·天文志》和《明史·历志》审稿的一些讨论，还有些篇目是书信。《增删算法统宗》（11 卷）则是梅毂成的一部完整的代表作，他于乾隆二十二年（1757 年）开始对程大位的《算法统宗》进行修订和重新整理，于乾隆二十五年（1760 年）编成，出版后流传甚广，对后世产生了很大影响，现存版本也很多。

  梅毂成在《增删算法统宗》的序言中说到了撰写此书的原因："考《统宗》一书，刻自明万历癸巳（1593 年），岁久板多漶漫（模糊不清），若不加修整，将不可读。"梅毂成的工作不只是对《算法统宗》进行简单的校对和复原，他还结合自身所学，对《算法统宗》进行了校勘，并"删其繁芜，补其所遗，正其讹谬，增其注解"。因此，《增删算法统宗》虽然是一部珠算著作，但其中也涉及不少笔算的内容。在《增删算法统宗》

《增删算法统宗》

的最后一卷中，梅毂成删去了原有的"杂法"，加上当时的一些算学书目，改名为《古今算学书目》，包含的书目有《御制数理精蕴》《数学钥》《几何通解》和《几何补编》等书，其中有不少为梅文鼎的著作。关于这些著作的记载对研究数学发展的历史有重要的意义。

《算法统宗》中的珠算内容，梅毂成也进行了增减和改进。比如《算法统宗》中提到了用珠算开平方的两种方法：商除开平方和归除开平方。程大位对商除开平方介绍较为详细，但关于归除开平方则较为简略，没有过多地介绍。在《增删算法统宗》中，梅毂成对于开方问题使用的都是归除开平方，并且详细地进行了说明，弥补了《算法统宗》中这部分内容的缺失。

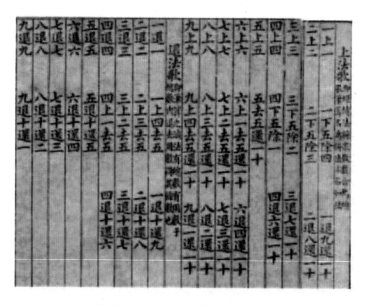

《增删算法统宗》中记载的珠算口诀

梅毂成所著的《增删算法统宗》是他一生中最大的成就。他不仅删

减了《算法统宗》中一些有迷信色彩的或不必要的内容，补充了缺失或遗漏的数学知识，还修改了许多差误之处，改进了珠算法，增加了自己的研究心得。总的来说，梅瑴成使《增删算法统宗》更加精练了。梅瑴成在清朝作为一名官方数学家，有很高的地位和影响，他的这部《增删算法统宗》也因此流传广泛，对后世影响深远。

康熙悉算

康熙像

在古代的帝王之中，喜欢文学，喜欢佛学，喜欢丹药，喜欢书法和美术者不少，甚至喜欢做木工活儿的也有。但是，喜欢科学和算学的皇帝，康熙皇帝便是一个代表了。他在位时，西方传教士来华者为数不少，为时不短。康熙皇帝不仅喜欢科学和算学，并且还能认识到算学的重要价值。他知道法国传教士白晋和张诚都深通数学，就于康熙二十八年（1689 年）冬天召见他们。为了交流方便，请他们学习满语，用满语为康熙皇帝讲解数学知识，并且在宫廷中翻译了一些科学和数学的书籍。为了能得到更多的书，康熙三十二年（1693 年），白晋回到欧洲，招募来华人士，并带回更多的书籍。

在南下巡视期间，康熙皇帝曾召见梅文鼎，一起交流有关历法和算学的问题，并且把梅文鼎的孙子梅瑴成带到宫中服务。康熙皇帝还召泰州进士陈厚耀在南书房供职。1712 年，梅瑴成得到举人的头衔，充蒙养斋汇编官，他与陈厚耀、何国宗和明安图等人一起编纂《律历渊源》。这本著作包括了乐律学、天文学和数学的内容。此后，康熙皇帝还主持编纂《数理精蕴》（100卷），为此把一些数学精英招到了北京。这部书中就包含了康熙皇帝听讲传教士的课时编纂和翻译的书。就数学来说，它包括《几何原本》。现保存在故宫中的满文本的《几何原本》（7卷）是白晋和张诚给康熙皇帝上课时的讲义。后来他们又根据这个本子编译成汉语的文本，名为《几何原本附算法原本》，并被编入《数理精蕴》之中。这个"原本"为御制本，也曾流传到海外。

对于《数理精蕴》的评价，康熙皇帝之子雍正皇帝（清世宗）在《清世宗御制文集》（卷6）中的《数理精蕴序》中写道："我皇考圣祖仁皇帝，生知好学，天纵多能，万几之暇，留心律历，算法积数，十年博考，繁赜搜抉，奥微参伍，错综一以贯之，爰指授庄亲王等，率同词臣于大内蒙养斋编纂，每日进呈亲加改正，录集成书。"这部《数理精蕴》对中外数学知识兼收并蓄，如笔算、筹算、对数、代数学、几何学、三角术、割圆术、三角函数表等。这些知识对清朝数学的发展产生了极大的影响。

康熙皇帝对中外数学知识非常重视。他不仅保存了大量的数学文献，而且对继承和传播数学贡献很大。康熙皇帝在学习这些知识上也做出了榜样，他不但抓紧时间努力学习，而且还学以致用。在钻研西方算学之时，除了白晋、张诚，康熙皇帝还请安多、南怀仁等人讲解比例圆规的用法，各种数学仪器的使用，几何与算术的应用，等等。康熙皇帝收藏不少传教士带来的仪器，并且让一些传教士与内务府官员一起去广东采购这种仪器，如各种比例规、假数尺（即对数尺）、正弦假数尺、切线假数尺、割线假数尺、算筹（纳皮尔算筹）、纸筹计算器、筹式计算机等。

康熙皇帝还特地制作一些家具用于数学演算，如他特制的楠木雕花框镶印刻比例表炕桌，在桌面的银板上罗列着各种数学表。这些数学表中有相比例体表与开立方表等数学公式，康熙皇帝在学习数学时所作的演算草等。在故宫博物院还珍藏着康熙皇帝使用的各种数学用表，如《对数广运》和《御制数表精译》，以及用汉字或拉丁文书写的三角函数值，等等。

在《钦定大清会典事例》中记载，"康熙五十二年（1713年），设算学馆于畅春园之蒙养斋。简大臣官员精于数学者司其事，特命皇子亲王董之，选八旗世家子弟学习算法"。为此，康熙皇帝经常勉励这些官员和皇子，他曾经"谕领侍卫大臣等曰：'朕常讲论天文历算、地理及算法、声律之学'"。

在学习数学知识之时，康熙皇帝还注意比较中国与西方的知识内容。例如，

《钦定大清会典事例》

学习欧几里得几何的主要定理和欧洲所使用的测绘方法这些知识之后，他还尽力将这些知识融入中国的算学之中。据张诚的记述，康熙皇帝"在算盘上运算，竟比安多神甫用我们的办法算出数字还要快"。

梁启超说："历算学在中国发达盖甚早。六朝唐以来，学校以之课士，科举以之取士；学者于其理与法，殆童而习焉。宋元两朝名家辈出，斯学称盛。明朝，心宗与文士交哄，凡百实学，悉见鄙夷，及其末叶，始生反动。入清，则学尚专门，万流骈进，历算一科，旧学新知，迭相摩荡，其所树立乃斐然矣。"

发明开对数捷法的戴煦

戴煦（1805—1860）是钱塘（今杭州市）人。他非常喜欢数学，他的一个朋友叫谢家禾，也喜欢数学，两人常常在一起探讨数学问题。后来谢家禾去世，戴煦为谢家禾出版了《谢榖堂算学三种》。在早期，戴煦也写了一些论文，如青年时期他就写成了《重差图说》，文字深入浅出，内容通俗易懂。他还写了《勾股和较集成》和《四元玉鉴细草》等书，但这些书大都没有出版。咸丰十年（1860），太平军攻下杭州，戴煦与

其兄戴熙同日自尽。

17世纪中叶，波兰传教士穆尼阁于1648年到中国传教，与薛凤祚合编《比例对数表》（1653），这是中国人引进的最早的对数书。为什么叫"对数"呢？以lg2=0.30103为例，中国人把2称为"真数"（今天仍然在用），而0.30103称为"假数"；对数表则看成"真数与假数对列成表"，所以中国人又把这个表称为"对数表"。后来"假数"这一概念就渐渐不用了，而把0.30103称为"对数"。对数的发明对当时社会的发展产生了重要影响，正如意大利科学家伽利略说："给我时间、空间和对数，我可以创造出一个宇宙。"在计算时，如果遇到开方运算比较多，利用对数会使较为繁重的计算工作减轻。因此，法国数学家拉普拉斯说："对数用缩短计算的时间来使天文学家的寿命加倍。"

在对数传入中国后，中国数学家开始学习和研究对数问题，《数理精蕴》就记载了"递次开方法"。

戴煦在研究对数方面很有成就。由于对数对初学者有一定的难度，他发明了一些简便的方法（如"图表法"），并且写成了《对数简法》（1845）、《续对数简法》（1846）和《假数测圆》（1852），他总称为《求表捷术》。戴煦的成果不仅可使运算的数据正确，也比一般的算法更为简便易行。

戴煦还与数学家项名达（1789—1850）同时研究幂级数的展开式和椭圆求周等问题，并代项名达续成遗著。他们的重要贡献是共同发现了指数为有理数的二项式定理。项名达的《象数一原》主要论述三角函数幂级数展开式的问题，并用它来计算对数表。他撰写此书时已年老病重，仅写成6卷，其中两卷未能完稿。戴煦遵从他的嘱托于咸丰七年（1857年）补写完成，并为之补作图解1卷，故现传本的《象数一原》共7卷。

戴煦的研究工作使他获得了较大的名声，在上海工作的英国汉学家艾约瑟在李善兰和张福僖处见到戴煦的书后大加赞赏。以至于艾约瑟特地到杭州拜访戴煦。遗憾的是，他被戴煦拒绝。虽然艾约瑟很失望，但仍然很敬佩戴煦。回国后，他还把戴煦的书译成英文，寄给英国的"算学公会"，并在伦敦广为刊行。这也可以看作中西文化交流的一段佳话。

数学传播大家——李善兰

李善兰（1811—1882）是浙江海宁人，中国近代著名的数学家、天文学家、力学家和植物学家。他的研究范围较广。在数学上，他创立了二次平方根的幂级数展开式，研究各种三角函数、反三角函数和对数函数的幂级数展开式（现称"自然数幂求和公式"）。

李善兰

李善兰自幼进私塾学习，受到了良好的教育。他勤奋好学，过目即能成诵。9岁时，李善兰从父亲的书架上看到《九章算术》，读后就迷上了数学。14岁时，李善兰靠自学读懂了欧几里得《几何原本》（前6卷，徐光启和利玛窦合译）。欧几里得几何严密的逻辑体系，清晰的推理，给李善兰留下深刻的印象，也使他的数学造诣日趋精深。

道光二十五年（1845年），李善兰在嘉兴陆费家设馆授徒，他与江浙一带的学者（主要是数学家）顾观光（1799—1862）、张文虎（1808—1885）、汪曰桢（1813—1881）等人相识，他们经常在一起讨论数学问题。此间，李善兰发表了3种数学研究成果，即有关于"尖锥术"的著作——

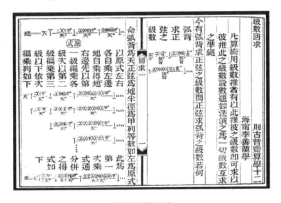

《方圆阐幽》

《方圆阐幽》《弧矢启秘》《对数探源》。在《方圆阐幽》中，李善兰提出了他所创造的"尖锥求积术"。为了说明他的方法，他列出了10条概括性的命题为"尖锥术"的基本理论。以其中的第4条为例，"当知诸乘方可变为面，并皆可变为线"。以现代术语来表述，n为任何正整数，x 为任何正数，xn 的数值可以用一个平面积来表示，亦可用一条直线来表示。科学史家钱宝琮（1892—1974）对李善兰的评价是比较高的，但是他的"尖锥术"理论"虽未能十分严谨，但在微积分学未有中文译本之前，他的精心妙悟是具有启蒙意义的"。

从今天的眼光看，李善兰的早期研究大都限于中国传统数学的范围，比如，早期研究的重要成果《四元解》（2 卷）和《麟德历解》（3 卷）等。这里的"四元"就是"四元术"，而"麟德历"即唐朝李淳风主持编制的历法。在《四元解》的自序中，李善兰指出，"汪君谢城（即汪曰桢）以手抄元朱世杰《四元玉鉴》三卷见示……深思七昼夜，尽通其法，乃解明之"。在《麟德历解》中，李善兰阐明了李淳风的二次差内插法。

咸丰二年（1852 年），李善兰到上海从事科学翻译，与国外来华人士合作，在 8 年间译出 8 种、80 余卷。咸丰十年（1860 年），应江苏巡抚徐有壬（1800—1860）之邀，到苏州当上了徐有壬的幕宾，同治二年（1863 年）到安庆工作。

在上海期间，李善兰与伟烈亚力合译《几何原本》（后 9 卷，1856），使该书有完整的中译本；还合译了《代数学》（13 卷，1859）和《代微积拾级》（18 卷，1859）等。这 3 部书都在上海墨海书馆印刷发行。与此同时，还与艾约瑟合译了《重学》（20 卷）和《圆锥曲线说》（3 卷），以及与伟烈亚力合译了《谈天》（18 卷），等等。此外，他还与伟烈亚力、傅兰雅合译了《奈端数理》（即牛顿的名著《自然哲学的数学原理》），可惜未能刊行。

《代微积拾级》（1850）的原作者是美国的罗密士。这本书的大致内容：卷 1 至卷 9 为"代数几何"，其中前 2 卷讨论用代数方法处理几何问题，后 7 卷为平面解析几何学。卷 10 至卷 18 为微积分。李善兰在序言中说："是书先代数，次微分，次积分，由易而难，若阶级之渐升。"徐有壬在读后说："书中文义语气多仍西人之旧，奥涩不可读。惟图示可据，宜以意抽绎图示，其理自见。"可见，这本书的内容对当时的中国人来说是较深的。

关于书名，从原文可以看出，若按着现代白话译名应为"几何和微积分的分析"。这里的解析几何当时译成"代数几何"，所以在书名中有个"代"字。"微积"的翻译至今仍然对应着calculus。在这本书中的"序"中，有这样的话，"我国康熙时，西国来本之（莱布尼茨）、奈端（牛顿）二家又创微分、积分二术，……其理大要：凡线面体皆设为由小渐大，一刹那中所增之积即微分也，其全积即积分也"。这就是中文微分和积分名称的来源。从中文的词源来说，汉朝的徐岳有一本《数术记遗》，徐岳写道："不辨积微之为量，讵晓（怎能知晓）百亿于大千。"李善兰可能是借用徐岳的"积微"翻译和命名微积分的。也有人说，"李善兰创立了微分与积分两个数学名词，似取古代成语'积微成著'的意义"。但微分与积分这两个词均为李善兰创立。

尽管李善兰的译本并不容易读下来，但是，在李善兰与伟烈亚力的合译过程中，李善兰创造了许多新的名词和术语（并不限于数学和物理学）。例如，在《同文算指》（1613）和《数理精蕴》中，作者翻译用一、二、三……九、〇为数字。李善兰依然用之。他还从西文中采用 ×、÷、（）、=、<、> 等符号。对于加号和减号，为了不与十和一（正号和负号）相混，他从篆文中取出"上"和"下"二字，即"⊥"和"丅"，分别代表加号和减号。

在《同文算指》中，作者采用的分数记数与今天正相反，分线之上的数是分母，分线之下的数是分子。与英文中 26 个字母相对的字是 10 个天干，即甲乙丙……壬癸，加上 12 个地支，即子丑寅……戌亥，以及 4 元，天地人物。在这 26 字加上"口"字边（偏旁），即"呷"……相当于大写字母。而希腊字母用二十八宿角、亢、氐、房、心、尾、箕……替代之。圆周率的字母"π"则译成"周"，自然对数 e 译成"讷"，等等。微分和积分的符号用"微"和"积"的偏旁"彳"和"禾"。例如，

$$\int dx/(a+x)=\ln(a+x)+c$$

写作

　　　　禾（甲⊥天）/ 彳天 =（甲⊥天）对⊥呐

1864 年，李善兰将自己的著作进行整理，集成了他的 12 种著作，还有他所积累的数学笔记——《天算或问》（1 卷），将这些汇集成《则古昔斋算学》（13 种，24 卷）。1872 年，李善兰又撰成《考数根法》（1

卷）。所谓"数根"是他在引用《数理精蕴》时的一个古名词，意思是"素数"。而写作《考数根法》就是为了辨别一个自然数是不是素数。在这部书中，他还提到了费马定理。

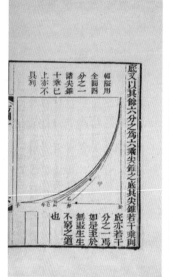

《则古昔斋算学》

从这些"会通"的成果看，李善兰把他的研究心得写成书，传播这些新的知识。关于圆锥曲线，他的书有《椭圆正术解》（2 卷）、《椭圆新术》（1 卷）、《椭圆拾遗》（3 卷）和《火器真诀》（1 卷，1856年）对于幂级数的研究有《尖锥变法解》（1 卷）。《尖锥变法解》是从朱世杰的《四元玉鉴》以来讨论高阶数列和问题最优秀的著作。

小结

在中国几千年的历史发展中，杰出人才甚多，一些人并未列在本章

中，如北宋的沈括、元朝的郭守敬等，甚至清朝的戴震在搜集和整理数学文献的功绩也是不应该被忘记的。但是限于篇幅，在这里只是选出了几个有代表性的人物，以飨读者。

四、算学名著

在学习和研究某个学科知识时，首先碰到的就是文献。学习和研究数学也是如此，而且古代的数学文献为数不少，这里选出一部分并加以介绍，借以真正了解一些数学知识。

墨子传经

战国时期的著名学者墨翟（前468—前376）被后人尊称为墨子，他与他的学生组成了一个著名的学派，即后来所谓的"墨家"。《墨子》共71篇，今天遗存53篇。在这50多篇中，有4篇的内容最为奇特，被合称为《墨经》，分别是《经上》和《经下》，以及对应的《经说上》和《经说下》。这4篇的内容是条目式的，并且每个条目的字都不太多。在《经上》和《经下》中，有些条目专门论述了几何学的定义和规则，并在《经说上》和《经说下》中进行了相应的补充和说明。

关于平行的定义，《经上》中写道：

墨翟

平，同高也。

这句话大意是说，平行线（或平行的平面）就是两条直线（或两个平面）在每一处的距离都相等。

关于对称中心，《经上》和《经说上》中写道：

中，同长也。心，中，自是往相若也。

"中"就是对称中心，包括线段的中点、圆心、球心等。这句话大意是说，相对于中心对称的点，到中心的距离相等。

关于圜（圆）的定义，《经上》和《经说上》中写道：

圜，一中同长也。圜，规写交也。

这里的"圜"就是圆球或圆周。这句话大意是说，圆球有且只有一个中心，圆周（球面）上每一点到中心的距离都相等。在《经说上》中还有进一步的解释，即圆是用圆规画出的，并且终点与起点是重合的曲线。

关于矩形的定义，《经上》和《经说上》中写道：

方，柱隅四杂也。方，矩见交也。

这句话大意是说，矩形的4个边都是直的，4个角都是直角。画矩形要用木匠的"矩"，这是使4条线都彼此正交画出的图形。

关于体积的讨论，《经上》和《经说上》中写道：

厚，有所大也。（无厚）惟无所大。

这句话大意是说，每个体积（"大"）都有"厚"这个维度，因此物体才有大小可言，没有厚度就没有体积。

关于点的定义，《经上》中写道：

端，体之无厚而最前者也。端，是无间也。

"端"就是点。这句话大意是说，几何体的尖端，位于物体的最前端，没有厚度和大小。这个"端"连同这句话也常常被看作一种微粒——原子。

关于部分与整体的关系，在《经上》和《经说上》中写道：

体，分于兼也。体，若二之一，尺之端也。

这里的"体"是指形体、图形，"分"是部分，"兼"是整体、全体，"尺"是直线、线段。这两句话的大意是说，图形是由部分组成整体的。将一个图形（如线段）不断地一半一半地分割下去，最后将得到一个点（"尺之端"）。

关于无穷的认识，《经上》和《经说上》中写道：

穷，域有前不容尺也。穷，域不容尺，有穷；莫不容尺，无穷也。

"域"是区域的意思，"前"是前方（尽头）。《经上》的大意是说，"穷"是有界的空间，是有界的区域，它的外面不能包含任何线（"尺"）；如果沿着某一方向用尺（另一线段）量度这个区域，一定能够量度尽。《经说上》的大意是说，"穷"是能够量度尽的区域，也称为"有穷"；如果永远量度不尽（"莫不容尺"），必定是无穷的。

《经》和《经说》中的部分数学定义说明中国人研究几何学是很早的。这些定义也许是世界上最早的几何定义了。

《算经十书》

《算经十书》是隋唐时期修订的十部古代数学典籍的统称。隋唐时期的学者注重对中国古代数学典籍的整理，《算经十书》就是整理和研究的重要成果。由于科技与工程上的需要，如大运河的开凿，整理和研究音律学的知识，编制越来越精确的历法等，隋唐时期对数学的要求也越来越高。为了培养大量的数学人才，隋朝在国子寺开设了数学专业，唐朝高宗显庆元年（656年）在国子监设立了算学馆，设有博士、助教指导学生学习。算学馆使用的课本共有10种，包括：《周髀算经》《九章算术》《海岛算经》《孙子算经》《夏侯阳算经》《张邱建算经》《五曹算经》《五经算术》《缀术》《缉古算经》。

算学馆设置了两个数学专业，都规定要学7年。第1组相当于初等数学的水平，课程包括《九章算术》和《海岛算经》学习3年；《孙子算经》和《五曹算经》学习1年；《张邱建算经》和《夏侯阳算经》各学习1年；《周髀算经》和《五经算术》学习1年，共7年才能毕业。第2组相当于高等数学的水平，其中《缀术》要学4年，《缉古算经》学3年，同样也是7年才能毕业。通过考试的学生，才能由吏部录用，授予官衔。

为了使算学馆的学生更好地学习"十部算经"的内容，唐高宗李治命令太史令李淳风等人对这些算经进行注疏。李淳风是陕西凤翔人。他在天文历算上颇有研究，因此得以进入太史局，被封为"将仕郎"。这虽然是一个很小的文官，但是为他的科学研究创造了极为有利的条件。李淳风在天文学上有非常多的创见，比如改进制造了新的浑仪；对隋朝刘焯的《皇极历》进行修订，编制成《麟德历》；还对彗星的运动规律进行研究。李淳

李淳风

风在数学上的贡献便是对十部算经进行了注疏，对书中的史料加以补充和证实。例如，在注释《九章算术》中的"少广"章的开立圆时，李淳风记述了"祖暅原理"和球体积公式的研究成果，保存了一条重要的科

技史料。这项工作为唐朝的数学教育做出了贡献，对当时数学研究和普及是有很大帮助的，同时在注释这些算经时，甄别了一些重要的历史事实，使得多数内容得以流传下来。《周髀算经》和《九章算术》这两部算经都是汉朝的著作，能够流传到今天，这本身就是一件了不起的成就。最早人们是用抄写的办法进行学习并把知识传给下一代的，直到北宋，随着印刷术的发展，才开始出现印刷本的书籍。现在收藏于北京图书馆、上海图书馆、北京大学图书馆的传世南宋本《周髀算经》《九章算术》等数学书籍，更是少有的珍本。

《算经十书》体现了我国传统数学发展的特点，多以问题集的形式来撰写，而且以计算为主，问题本身非常贴合生产和生活实际，应用性非常强，这与西方数学以逻辑推理为重点的演绎方法有很大不同。

《周髀算经》

《周髀算经》是中国最古老的数学和天文学著作，据考证约成书于公元前 1 世纪，作者已经难以知晓了。当然，书中的知识并非公元前 1 世纪才被人们掌握。在已经掌握的资料中，《周髀算经》是比较早的。《周髀算经》中的"算经"二字是唐朝才加上去的，原书名为《周髀》。这部书实际上是讲述当时流行的一种天文学

"盖天说"示意图

说——"盖天说"。"盖天说"的大致意思就是，天空是圆形的，笼盖在大地上，而大地是方形的，日月在天盖上运动。书中构建了古代中国

唯一的一个宇宙几何模型，并且有明确的结构，还有具体的数据。著名的中国科技史家李约瑟这样称赞《周髀》："它的伟大在于它著于占星术与卜筮占支配地位的时期，而讨论天地现象却不带迷信的成分。"

在《周髀算经》中，作者介绍了勾股定理的证明及其在测量中的应用，并且证明怎样把数学应用到天文计算中，其中还涉及比较复杂的分数计算。

在此，以《周髀算经》中的一道问题为例来说明一下（题目已经转化为阿拉伯数字的形式）。《周髀算经》中认为一年的长度为 $365\frac{1}{4}$ 日，太阳在黄道上每日行一度，并且认为 19 年里应该添加 7 个闰月，这样每年平均有 $12\frac{7}{19}$ 个月。那么就可以求出每个月的天数为：$365\frac{1}{4} \div 12\frac{7}{19} = \frac{1461}{4} \div \frac{235}{19} = \frac{27759}{940} = 29\frac{499}{940}$（天）。由此可见，当时的人们已对年、月有了深刻的认识，已经熟练地掌握了分数的运算方法，并且是通过算筹来计算的。

相传，勾股定理是由商高发现的，故勾股定理又被称为"商高定理"。书中记载着一段周公向商高请教数学知识的对话。周公问："我听说您非常精通数学，我要请教：没有梯子可以架到天上，地也没法用尺子一段段地丈量，那么怎样才能得到关于天和地的数据呢？"商高回答说，"数的产生来源于对方和圆的认识"，并涉及一个关系式：

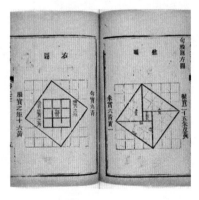

《周髀算经》中的勾股图

　　　数之法，出于圆方，圆出于方，方出于矩，矩出于九九八十一。故折矩，
　　以为勾广三，股修四，径隅五……故禹之所以治天下者，此数之所生也。

这里的"圆"有两个含义，圆周率（此时的古人取为 3）和圆形。数学（推算）之法，出于圆（圆周率为 3）和方（方的边有 4 条），圆形的面积等于（"出于"）外接的正方形 × 圆周率 ÷ 4，正方形"出于"

两边相等的矩,而后,计算长×宽("矩"的面积)"出于九九"乘法表。例如("故"),在作图时,折出矩形,(如果)取勾长为3,股长为4,而矩的两条边线的终点连线应为5……这个原理是大禹在治水的时候总结出来的。从这段话中,可以清楚地看到,中国古人早在2000年前就已经发现并应用勾股定理了。

赵爽像

三国时期的赵爽对《周髀算经》内的勾股定理做出了详细的解释,又给出了另外一个证明。赵爽是中国古代最早对数学定理和公式进行证明与推导的数学家之一,在古代数学发展中占有重要地位。他在《周髀算经》中补充的"勾股圆方图及注"和"日高图及注"是十分重要的数学文献。在"勾股圆方图及注"中,赵爽提出用"弦图"证明勾股定理和解勾股形的5个公式;在"日高图及注"中,他用图形面积证明了汉朝普遍应用的重差公式。除了赵爽外,还

《周髀算经》

有许多人对《周髀算经》进行注释,如三国时期的数学家赵君卿(生卒年不详)、北周时期的数学家甄鸾、唐朝的李淳风等。他们的注释对今人研究《周髀算经》有很大的参考作用。

《周髀算经》中除了勾股定理以及分数运算外,还有等差数列以及求圆周长的方法、一次内插法的应用以及开方运算等。《周髀算经》是我国最早的数学著作之一,彰显了中国古人在研究与应用数学方面的卓越成就。

《九章算术》

中国古代数学最重要的典籍《九章算术》对中国古代数学发展产生了深远的影响。这部书是从先秦至西汉中期众多学者编纂而成的一部数学著作，在算术、代数和几何领域都有不凡的成就，可以看作中国古代数学的代表之作，也是中国古代数学体系建立的标志。

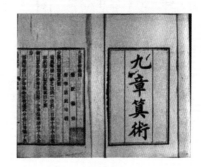

《九章算术》

近些年，从秦汉简牍中，先后发现了秦朝的《数》和《算书》与汉朝的《算数书》和《算术》。其中的数学知识与《九章算术》的内容较为接近。

张苍

西汉时的张苍和耿寿昌曾对该书进行整理。数学史家钱宝琮认为，"虽然没有一本先秦的数学书籍流传到后世，但不容怀疑的是：《九章算术》方田、粟米、衰分、少广、商功等章的内容，绝大部分是产生于秦以前的"。数学史家郭书春也认为，《九章算术》中的术文统率应用问题部分来自先秦。

《九章算术》以应用问题集的形式，收入246个问题，并把这246个问题分为9章，即方田（分数四则运算和平面图形求面积）、粟米（粮食交易的计算方法）、衰分（比例分配）、少广（开平方与开立方）、商功（体积计算）、均

《九章算术》

输（运输中的均匀负担）、盈不足（盈亏类问题计算）、方程（一次方程组解法与正负数）和勾股（勾股定理的应用）。

《九章算术》的结构大致是先举问题，再给答案，通过对一类问题解法的考察，最后给出"术"。全书共提出了202个"术"。"术"是一类问题的一般解法，也是研究中国传统数学成果的主要依据。首先，从算术成就看，《九章算术》记载了当时分数四则运算和比例算法，讨论了比例问题和"盈不足"问题，还附以相关的习题。在几何方面，记载各种面积和体积问题的算法，以及利用勾股定理进行测量的各种问题。而在代数方面的一项重要成就是，记载了开平方和开立方的方法，记载了负数的概念和正负数的加减法运算法则，并且在这些基础上有了求一般一元二次方程的数值解法。

刘徽在注释《九章算术》"少广"章的"开方术"中讲到，当开方不尽时，就可以用十进分数来表示。

刘徽经过多年的学习和研究，于魏景元四年（263年）著成《九章算术注》（9卷），这是他一生中非常重要的一项工作。他的注疏使《九章算术》中各种问题的论证都有了可靠的论据和前提，对于一些重要的数学概念也进行了定义。在"正负术"中引入负数的概念是一项重大成就，扩大了对数系的认识。7世纪，印度数学家也开始使用负数。

今天，《九章算术》作为一部世界数学名著，已经被译成多种文字。如果说《几何原本》是欧洲公理化数学的代表，那么《九章算术》就是中国算法化数学的代表，两者交相辉映，是两颗璀璨明珠。

著名的数学家和数学史家吴文俊认为，代数是中国古代数学中最为发达的部分，《九章算术》是一部算法大全，有世界上最早的几何学、最古老的方程组和矩阵。《九章算术》中解方程的消元法比高斯（1777—1855）的研究要更早。

《海岛算经》

  《海岛算经》是三国时期刘徽所作。刘徽著的《九章算术注》有10卷，第10卷便是刘徽自己撰写的《重差》。所谓"重差"是一种测量方法。"重"有重复的意思，"差"则是指日影长度之差，故"重差"一词可以理解为"重测取差"。汉朝的天文学家把测算太阳高远的方法称为"重差术"。刘徽在整理这种测量方法时，也将"重差"作为书名。这部书讲述利用标杆或绳索进行2次、3次，最复杂的是4次测量解决各种测量数学的问题。正是这些先进的测量方法，为中国古代非常先进的地图学打下了基础。唐初，《重差》推出单行本，其中第一题是测量海岛的高远问题，因此被改名为《海岛算经》。从唐朝起，《重差》不再附在《九章算术注》之后了，因此《九章算术注》为9卷。《海岛算经》是我国最早的一部测量数学著作。

  《海岛算经》中的问题，都是根据相似三角形的理论，利用两次或者多次测望得到的数据，推算远处可望而不可即的物体或建筑的高度、长度、距离等。传世的《海岛算经》一共有9个问题，其中两次观望题有3个，3次观望题有4个，4次观望题两个。这9个问题的解法形式有3种，分别是"重表法"（立两个等高的标杆）、"累矩法"（用两个"矩"代替"表"）、"绳表法"（用绳和"表"进行测量），这些解法主要是测量工具和方法的不同，本质上没有区别，都是利用相似三角形的对应边成比例解答问题的。

  下面介绍《海岛算经》里的第一题"望海岛"：

  今有望海岛，立两表，齐高三丈，前后相去千步，令后表与前表参相直，从前表却行一百二十三步，人目着地取望岛峰，与表末参合，从后表却行一百二十七步，人目着地取望岛峰，亦与表末参合。问岛高及去表各几何？

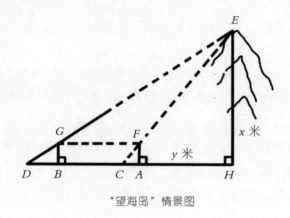

"望海岛"情景图

这道题的意思是，假设测量海岛，立两根表（竿子 A 和 B ），表高均为 3 丈（5 步，$BG=AF$ ），前后相距 1000 步（ AB ），令后表与前表在同一直线上，从前表退行 123 步（ AC ），人趴在地上看，发现岛峰与表的顶端在同一直线上；从后表退行 127 步（ BD ），人趴在地上看，发现岛峰与表的顶端也在同一直线上。问：岛高多少？岛与前表相距多远？

题中描述的情景图，如图所示。设岛的高度为 x 步，岛距离 A 点为 y 步，则根据题意及相似直角三角形的对应边比例关系，可得到：

$$\frac{DB}{DH}=\frac{GB}{EH}$$ （ $\triangle DBG$ 与 $\triangle DHE$ 相似），

$$\frac{CA}{CH}=\frac{FA}{EH}$$ （ $\triangle CAF$ 与 $\triangle CHE$ 相似），

代入数据可以得到方程：

$$\frac{127}{127+1000+y}=\frac{123}{123+y}=\frac{5}{x}$$

解得

$$\begin{cases} x=1255 \\ y=30750 \end{cases}$$

故岛高 1255 步，岛距 A 点为 30750 步。

杜甫有诗云："会当凌绝顶，一览众山小。"据考证，"望海岛"

这一题计算的"海岛"是泰山，岛高 1255 步合今天 1792.14 米。可以说，《海岛算经》中的这一题，是历史上第一次用科学方法测量了泰山高度。

泰山

今天，我们将相似直角三角形对应边比例关系称为"勾股比例"，即相似勾股形对应勾股成比例。这种比例法早在《周髀算经》中就已被应用了，而且在古代的测量问题中应用极其广泛，是我国古代解决测量问题的重要方法。"望海岛"是一道两次测望题，《海岛算经》中还有 3 次测望、4 次测望更复杂的测望问题。刘徽时，中国的"重差术"已经达到了顶峰，直到明末西方数学传入之前，测望问题在理论上没有更大的突破。

刘徽把测量术发展到很高的水平，比西方的测量术领先了一千多年。可惜的是刘徽当时只注重研究三角形边和边之间的关系，而没有研究角和边的关系。在他的研究生涯中，他一直创造和欣赏数学之美，而这种无功利的、纯粹的对数学之美的追求，使他取得了伟大的成就。他这种注重实践，勇于探索的精神值得后人学习和赞扬。

《孙子算经》

《孙子算经》成书于4—5世纪，作者和编写的具体时间已经不可考证了。《孙子算经》共分为上、中、下三卷，上卷叙述了度量衡的换算比例、九九乘法表以及算筹计数的纵横相间制度和筹算乘除法。这也是我国最早、最完整的关于算筹的计数法和运算方法的记载。中卷举例说明了筹算分数算法和筹算开平方法，以及面积和体积的计算方法。下卷是各种应用问题和逻辑题，如下卷中著名的"物不知数"问题，便是一次同余式的问题。

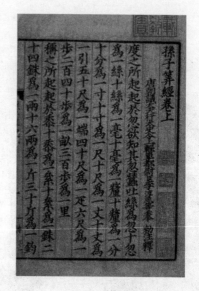

《孙子算经》

《孙子算经》还是一部非常重要的教科书。《九章算术》等著作中涉及大量的度量衡运算，但提供的度量衡换算比例信息却很少。它们的作者可能默认当时的读者已经知晓这些单位之间的换算比例，但后人是很难掌握具体情况的。而《孙子算经》中就详细记载了度量衡的换算比例，还有九九乘法表以及算筹的使用和计算方法等必备基础知识，因此《孙子算经》是古代研习算学者的启蒙书和必读书，也可以说是学习《九章算术》等其他著作的基础书。

《张邱建算经》

《张邱建算经》（3卷）是中国古代的一部数学著作，作者张邱建是北魏清河（今邢台市清河县）人，该书大约成于5世纪。关于张邱建

的生平资料不多，只知道张邱建自幼聪明好学，酷爱算术，一生从事数学研究。他说："夫学算者不患乘除之为难而患通分之为难。"所以，书的开首就是有关分数的计算方法，并且提出了一些分数的应用问题。

流传下来的《张邱建算经》中记载了92个问题，其中较为突出的成就有：最大公约数和最小公倍数的计算、等差数列问题的解决，以及某些不定方程问题的求解等。传世本是根据南宋刻本辗

《张邱建算经》

转翻印的，中卷缺少了最后的几页，下卷缺少最前两页，失传的算题不知有多少。

张邱建在当时已经掌握了等差数列的求解方法。《张邱建算经》中有这样一个问题：

> 今有户出银一斤八两一十二铢，今以家有贫富不等，令户别作差品，通融出之，最下户出银八两，以次户差各多三两，问户几何？

这道题的意思是，平均每户应该缴纳税银一斤八两十二铢，但因为各家贫富有差别，所以每家的税银不等，最少的为八两，其余每户缴纳的税银越来越多，且每户相差三两。问一共有多少户。按照当时的算法，其中1斤=16两，1两=24铢。那么每户相差的3两便是公差，即72铢；交税钱最少为8两，即192铢；平均一斤八两十二铢，即588铢。《张邱建算经》给出的解法是这样的：

户数=[(平均一户缴纳税银数－最下户缴纳税银数)×2+公差]÷公差=[(588−192)×2+72]÷72

解得12户。

《张邱建算经》的解法实际上已经隐含了等差数列的求和公式，用今天的数列知识解释，这是一个等差数列，已知首项a_1=192，公差

$d=72$，前 n 项和 $s_n=588n$，求项数 n。利用等差数列求和公式，可以得到与《张邱建算经》解法一样的形式。从这一例子可以看出，关于等差数列的研究，无论是公式还是应用，在我国并且最迟至公元 5 世纪都已经非常成熟了。

《张邱建算经》中还有著名的不定方程问题——百钱百鸡问题，因另有专节讨论，此处暂且不论。

《缉古算经》

《缉古算经》是我国唐朝数学家王孝通的著作，成书于武德八年（625年）。王孝通的生卒年已不可考，但估计他生于隋初，卒于贞观年间（627—649）。对于他的生平经历，今人只知道他在唐高祖武德六年（623 年）任算历博士，武德九年（626 年）任太史丞。我国古代数学的显著特点就是注重理论和实践的结合。王孝通在《缉古算经》中成功地将三次方程的解题方法引入诸如土木工程、仓库容积和勾股定理的实际应用等问题当中，解决了当时的一些工程难题。日本数学史家三上义夫称我国"刘徽、祖冲之、王孝通是世界第一流的数学家"。

《缉古算经》共记载了 20 个问题，主要内容可分为四大类：第一类是天文问题，《缉古算经》中的第 1 问是关于计算月亮方位的天文历法方面的问题，并纠正了以往的一些计算错误；第二类是计算土木工程中的土方体积问题，包括第 2—6 问和第 8 问，王孝通便是利用三次方程来解决这类问题的；第三类是仓库容积问题，包括第 7 问及第 9—

《缉古算经》

14问，主要是计算各种形状的仓库、地窖的容量问题；第四类是勾股问题，包括第15—20问，在已知勾、股、弦其中二者的积或差时，求其他勾、股、弦。王孝通还创造性地将三次方程与勾股问题结合，进一步扩大了勾股算术的范围。

据传，成书之后王孝通对自己的《缉古算经》颇为自信，曾上奏唐太宗李世民说："请访能算之人，考论得失，如有排其一字，臣欲谢以千金。"王孝通是中国数学史乃至世界数学史上第一位提出并求解三次方程问题的人，充分说明了王孝通对当时的数学研究达到了极为高深的水平。在西方，虽然也有人较早地知道三次方程，但最初是利用圆锥曲线的图解法，直到意大利数学家斐波那契在13世纪时，才得出了三次方程的数值解法，比王孝通晚了600多年。

王孝通像

王孝通对于高次方程的解法研究，对宋元时期的数学发展影响极大。宋元的几位数学家在王孝通建立和求解三次方程的基础上继续深入研究，终于发明了"天元术"和"四元术"，建立并完善了高次方程的布列方法和数值解法。《缉古算经》为"天元术"和"四元术"的产生奠定了基础。

《夏侯阳算经》和《缀术》

《夏侯阳算经》也是《算经十书》中的一部。关于《夏侯阳算经》的记载最早见于《隋书·经籍志》："《夏侯阳算经》二卷。"《新唐书·艺

文志》中载有"韩延《夏侯阳算经》一卷"。而在《旧唐书·经籍志》中载有"《夏侯阳算经》三卷",与今天的传本 3 卷相符合。根据《张邱建算经》的自序"其夏侯阳之方舱,孙子之荡杯,此等之术皆未得其妙"可知,《夏侯阳算经》的成书年代应早于《张邱建算经》。因全书第一句为"夏侯阳曰",故名为《夏侯阳算经》,而实际作者已不可考。但肯定的是,今天的传本已经不是《夏侯阳算经》的原本了。书中既有南北朝时期的内容,又有唐朝的内容,成书年代应在 4 世纪至 8 世纪。根据数学史家钱宝琮等学者的研究,《夏侯阳算经》成书应在 8 世纪。

《夏侯阳算经》

《夏侯阳算经》记载了 83 个问题,结合当时的实际需要,为地方官员和民众提供适用的数学知识和计算技术。涉及的数学知识既有筹算的运算方法及其应用,也有一些关于小数计算和珠算算法的内容。可以说,这是一本在筹算与珠算演变交替的时代产生的书,对研究筹算和珠算的发展历史非常有帮助。

《缀术》在北宋元丰七年(1084 年)辑录各种算经时就已经失传了。

相传《缀术》是由祖暅把祖冲之的数学著作收集起来编著而成的，共6卷。《缀术》一书曾流传到朝鲜和日本。在《南齐书》和《南史》中都曾提到，祖冲之曾"注《九章》，造缀述数十篇"，有人将它们当作祖冲之所著的《缀术》，其实未必。据钱宝琮考证，"缀述"为祖冲之对《九章算术》的注解，应该附于刘徽的《九章算术注》之后，是数十篇专题性论文。而《缀术》一书，是一部数学问题集，包含了祖冲之父子二人的研究成果。而且从唐朝的算学课程设置可以看出，《缀术》的内容是较为深奥的，唐朝的算学学生需要花费4年的时间去研究，在《算经十书》中是学习时间最长的一部著作。

据说北宋的数学家楚衍曾对《缀术》很有研究，北宋著名的科学家沈括也曾见到《缀术》。但他们对《缀术》的记载也只有寥寥数笔，并未提到太多书中的内容。《隋书》中曾记载："……祖冲之……所著之书，名为《缀术》，学官莫能究其深奥，是故废而不理。"据李淳风注的《缉古算经》序中所述，《缀术》中可能记载了精密的圆周率和正确的球体积算法等成就。在《缀术》失传之后，宋人刊刻《算经十书》的时候就用另一部算书《数术记遗》来充入。《缀术》的失传是我国数学史上的一个重大损失。

甄鸾三经

甄鸾（535—566）是河北无极人（今河北省石家庄市无极县），是北周的大数学家。他通晓天文历法，博达经史，好学精思，论述丰富，尤其精通历算。甄鸾所著的数学书有《五曹算经》《五经算术》和《数术记遗》共3种。其中《五曹算经》和《五经算术》被收入"算经十书"之中，

甄鸾

《数术记遗》则在后世替代了已经失传的《缀术》，也被收录进了"算经十书"。

据记载，甄鸾曾任司隶大夫、汉中郡守等职务，在任职期间搜集了当时与州县行政有关的算术问题，并撰成《五曹算经》。这里的"曹"实际上就是古代分科办事的官署。《五曹算经》共 5 卷，第 1 卷"田曹"，田地面积测量方面的问题，其中有《九章算术》使用的长方形、三角形等图形的面积公式，并在《九章算术》的基础上增加了不规则形状（田地）面

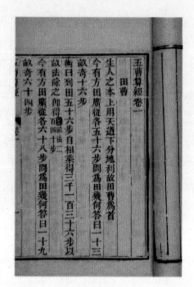

《五曹算经》

积的近似计算公式，比如"腰鼓田"和"蛇田"等；第 2 卷"兵曹"，主要是关于军队配置及军需给养方面的问题，列举了 12 道题，围绕"征丁出兵""士兵给米""士兵给钱""列车布阵"和"马匹给养"等问题进行了讨论，也是我国军用数学方面最早的且较为系统的记载；第 3 卷"集曹"，有关粟米的比例问题，紧扣"财货交易""排布列席"和"物资储备"等问题进行分析；第 4 卷"仓曹"，有关粮食的征收、运输和储藏问题，本卷记载的"外角聚粟"也是对《九章算术》的拓展；第 5 卷"金曹"，有关丝绢和钱币的比例问题，围绕"仓禀货币交换变易"展开陈述。合此五者谓之"五曹"。《五曹算经》是按照社会之所需来编写的，并且是从各"曹"官员的管理需求角度设置问题的，此书也是地方军政官吏的一部应用算数书，甚至也可以说是我国第一部供办事人员借助算学实施管理的使用手册。书中大都取自当时社会生活中的实例，解题方法浅显易懂，很实用。

甄鸾的《五经算术》是一部有特色的算学书。题目中的所谓"五经"是指儒家典籍《诗经》《尚书》《礼记》《周易》和《春秋》。《五经算术》便是对这些典籍和古人的注解中涉及数字或数学的地方加以计算或阐释说明的一部著作。除了对"五经"进行阐述外，还对《论语》《左传》

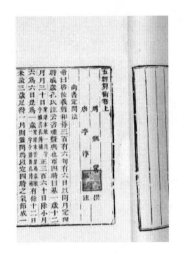

《五经算术》

和《仪礼》等著作也进行了相应的数学阐释。但可惜的是，在唐朝学者李淳风注解后，《五经算术》便逐渐亡佚。清朝学者戴震（1724—1777）从《永乐大典》中辑出两卷，设有38个标题。但今天的《五经算术》中哪些是出于甄鸾，哪些是出于李淳风的注解，已经无可考证。《五经算术》是把数学应用于儒家理论的著作，这是一种非常独特的表现方式，体现了数学与文化的深层次交融。

《数术记遗》是一部记载算法的书。卷首题"汉徐岳撰，北周中郡守、前司隶臣甄鸾注"。但经过钱宝琮的考证，书是甄鸾假托徐岳之名，自撰自注的。书中介绍了我国古代的14种算法，除第14种"计数"为心算，无需算具外，其余13种均有计算工具。分别是积算（筹算）、太乙算、两仪算、三才算、五行算、八卦算、九宫算、运筹算、了知算、成数算、把头算、龟算和珠算。"珠算"的名字首见此书。书中还记载了算盘的规格和样式，还涉及关于大数的记法、不定方程计算、土地测量等问题，对其他的数学著作起到了拾遗补缺之功能，是我国古代非常重要的数学典籍之一。而且《数术记遗》写法颇具特色，与其他数学著作采用的"写出问题，给予解答"的形式不同，而是采用交流问答的形式，以"我"与"刘会稽"和"天目先生"的问答展开陈述，行文自然，引人入胜，这在中国数学史上是独一无二的。

五、古算名题

在古代的数学典籍中，有许多算题，它们有难有易，有的还充满趣味。它们也构成了传统数学文化的重要部分。在本章中选出一些算题供大家品评。

五家共井

在《九章算术》中，有一道算题，是这样叙述的：

> 今有五家共井，甲二绠不足，如乙一绠；乙三绠不足，如丙一绠；丙四绠不足，如丁一绠；丁五绠不足，如戊一绠；戊六绠不足，如甲一绠。如各得所不足一绠，皆逮。
>
> 问井深、绠长各几何？
>
> 答曰：井深七丈二尺一寸。甲绠长二丈六尺五寸，乙绠长一丈九尺一寸，丙绠长一丈四尺八寸，丁绠长一丈二尺九寸，戊绠长七尺六寸。术曰：如方程，以正负术入之。

这段话大意是，五家合用一口井，甲家的 2 根井绳和乙家 1 根井绳总长为井深；乙家的 3 根井绳和丙家的 1 根井绳总长为井深；丙家的 4 根井绳和丁家 1 根井绳总长为井深；丁家的 5 根井绳和戊家 1 根井绳总长为井深；戊家的 6 根井绳和甲家 1 根井绳总长为井深。问：井深、各家井绳长度分别为多少？

说得更加明白些，有 5 家共用一口井，5 家名之为甲、乙、丙、丁、

戊，5 家各有一条汲水绳子（下面用文字表示每一家的绳子）：甲 × 2+ 乙 = 井深，乙 × 3+ 丙 = 井深，丙 × 4+ 丁 = 井深，丁 × 5+ 戊 = 井深，戊 × 6+ 甲 = 井深，求甲、乙、丙、丁、戊各家绳子的长度和井深。

如果要列方程，设若甲、乙、丙、丁、戊各家的 5 根绳子分别长 x、y、z、s、t，井深 u，那么列出的方程组是：

$$2x+y=u（1）\qquad 3y+z=u（2）$$

$$4z+s=u（3）\qquad 5s+t=u（4）$$

$$6t+x=u（5）$$

解方程组得：

5 根绳子的长度分别为 $x=265$ 米，$y=191$ 米，$z=148$ 米，$s=129$ 米，$t=76$ 米。

井的深度为 721 米。

鸡兔同笼

"鸡兔同笼"是小学生有些头疼的奥林匹克数学题，鸡有多少只，兔又有多少只，让人抓耳挠腮，恨不得擒来一些鸡和兔好好数一番。在学会二元一次线性方程组后，这题便可轻而易举地得到数字解。如果溯本求源，"鸡兔同笼"中使用方程的解法，本质上是二元方程的代入解法。这道算题也难住古人了吗？

《孙子算经》中记载了"鸡兔同笼"这道趣题：

今有雉兔同笼，上有三十五头，下有九十四足。问雉兔各几何。

这段话意思是，现在鸡和兔在同一个笼子里，从上数有 35 个头；从下数有 94 只脚。问笼中有几只鸡几只兔？

书里给出的解法为：

术曰：上置三十五头，下置九十四足。半
其足，得四十七。以少减多，再命之，上三除
下四，上五除下七，下有一除上三，下有二除
上五，即得。又术曰：上置头，下置足，半其足，
以头除足，以足除头，即得。

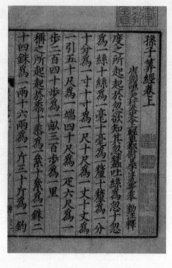

《孙子算经》中"鸡兔同笼"

其中"上置""下置"是指摆放在算筹的
盘面上将数筹分上下两行摆放，"除"是减去
的意思。即：

35

94

若将腿数砍去一半，就变为：

35

47（"上三除下四，上五除下七"）

这样写出的算术式是兔数 $=35-(94÷2)=|12|$ 只，而鸡数 $=12-35=|23|$ 只（"下有一除上三，下有二除上五"）。这里孙子用的办法，将腿数减半，也可被形象地称为"砍足法"。兔子现在有两只脚，鸡有一只脚，减去头数，多出来的脚数量等于兔子的头，这样鸡就是总头数减去兔的头数。

现在"鸡兔同笼"问题常用的方法还有：

·列方程

$x+y=35$ $2x+4y=94$

解得：

x（鸡）$=23$ y（兔）$=12$

· 列表法

假设擒来一些鸡和兔子，把所有可能的整数组合列出，对照结果选择正确答案。如按着"上置三十五头，下置九十四足"摆放算筹，下置的是除以2（"半其足"），再"以头减（除）足（数）"，再"以足减（除）头（数）"就得到结果了。

鸡数	0	1	2	3	4	…	10	11	12	13	14	15	16	…	21	22	23	24
兔数	35	34	33	32	31	…	25	24	23	22	21	20	19	…	14	13	12	11
腿数	140	138	136	134	132	…	120	118	114	116	112	110	108	…	98	96	94	92

满足之解是（23，12，94），下一个是（24，11，92）就不满足题的要求。

· 假设法

设全部是鸡，则有 35×2=70 条腿，比实际少 94−70=24 条，如果一只鸡变成一只兔子，腿增加 2 条，24÷2=12 只，所以需要 12 只鸡变成兔子，即兔子为 12 只，鸡为 35−12=23 只。假设全是兔子，同样算法。这与孙子的算法类似。

· 鸡翅法

鸡有两翅两腿，因此笼内翅腿总数为 35×4=140 只，其中有腿 94 只，则有翅 140−94=46。鸡有双翅，故鸡有 46÷2=23 只，兔有 35−23=12 只。这个"假设"不错。

· 抬腿法

将二元方程的某种解法编成利于小学生理解的故事加以讲述。

比如，先让兔子都抬起 2 只脚，那么就有 35×2=70 只脚，脚数和原来差 94−70=24 只脚，每只兔子抬起 2 只脚，一共抬起 24 只脚，用

24÷2 得到兔子有 12 只，用 35-12 得到鸡有 23 只。这样讲是不是更易于理解呢。

请读者再想一想，是不是还能得到其他的方法呢？

百钱百鸡

《张邱建算经》下卷的最后一题，便是著名的"百钱百鸡问题"（也叫"百鸡问题"）。自张邱建之后，数学家对于"百鸡问题"的研究不断深入，"百鸡问题"也几乎成了不定方程的代名词。同时"百鸡问题"也是世界上首次提出三元一次不定方程及其解法。那什么是"百鸡问题"呢？《张邱建算经》中是这么说的：

> 今有鸡翁一，值钱五；鸡母一，值钱三；鸡雏三，值钱一。凡百钱买鸡百只，问鸡翁母雏各几何。

用今天的话来说就是，现在一只公鸡价值五钱，一只母鸡价值三钱，三只小鸡价值一钱。有人花了一百钱买了一百只鸡，问其中公鸡、母鸡和小鸡各有多少只。张邱建给出的答案包含了三组解：

> 答曰：鸡翁四，值钱二十，鸡母十八，值钱五十四，鸡雏七十八，值钱二十六。鸡翁八，值钱四十，鸡母十一，值钱三十三，鸡雏八十一，值钱二十七。鸡翁十二，值钱六十，鸡母四，值钱十二，鸡雏八十四，值钱二十八。

张邱建还总结了这一问题的增减"术"（即通用解法），非常简单，只有 15 个字："鸡翁每增四，鸡母每减七，鸡雏每益三，即得。"那么这个解是怎么来的呢？我们可以用代数方法来解释。若设公鸡为 x 只，母鸡 y 只，小鸡 z 只，则有：

$$\begin{cases} x+y+z=100 \\ 5x+3y+\dfrac{z}{3}=100 \end{cases}$$

若把 y 和 z 用 x 表示出来，便可得到：

$$\begin{cases} y=25-\dfrac{7}{4}x \\ z=75+\dfrac{3}{4}x \end{cases}$$

但 x 不能为分数，因此可让 $x=4t$，则可以得到：

$$\begin{cases} y=25-7t \\ z=75+3t \end{cases}$$

当 $t=1$、2、3 时，即可得到前面所说的三组解：

$$\begin{cases} x=4 \\ y=18 \\ z=78 \end{cases} \quad \begin{cases} x=8 \\ y=11 \\ z=81 \end{cases} \quad \begin{cases} x=12 \\ y=4 \\ z=84 \end{cases}$$

即所谓的："鸡翁每增四，鸡母每减七，鸡雏每益三，即得"。

在《张邱建算经》之前的古算书中，基本都是一题只有一答，这是第一次出现了一题有 3 种解答的情况，对后世有很大启示。

实际上《张邱建算经》中的各项内容，在《九章算术》中便已经有了雏形，如求最大公约数的方法，在《九章算术》"方田"一章有所涉及；等差数列则见于"盈不足"和"均输"等章中；不定方程问题在"方程"一章也可略见。但《张邱建算经》的可贵之处在于，它把上述几方面的成果加以推广，扩展了研究工作，如它在《九章算术》求等数的基础上进一步讨论了最大公约数和最小公倍数的关系，所提出的"百鸡问题"的解集，开创了我国不定方程问题研究的先河。《张邱建算经》对不定方程的研究比欧洲发现和研究这种问题早了 1000 多年，在世界数学史上占有一定地位，是世界数学资料库中的一份宝贵遗产。

"物不知数"

"物不知数"问题是一个非常重要的古代数学问题。那什么是"物不知数"问题呢？这也可视为一道不等方程的问题。《孙子算经》中这一道题记述如下：

　　今有物不知其数，三三数之剩二，五五数之剩三，七七数之剩二，问物几何？

这个问题是说，有一个正整数，用 3 去除它余数是 2，用 5 去除它余数是 3，用 7 去除它余数也是 2，问这个正整数等于几？《孙子算经》中还记载了关于这个问题的解法，解法如下：

　　术曰：三三数之剩二，置一百四十；五五数之剩三，置六十三；七七数之剩二，置三十，并之得二百三十三，以二百一十减之既得。凡三三数之剩一，则置七十；五五数之剩一，则置二十一，七七数之剩一，则置十五；一百六以上，以一百五减之即得。

其中的"一百六""一百五"指的是数字 106 和 105。"术"中第一句话的意思是：用 3 除后剩 2，便是 140，用 5 除后剩 3，是 63，用 7 除后剩 2，就是 30。加在一起可以得到 233，再减去 210，就可以得到了答案了。那么可用下面的算式表示这句话：

140+63+30=233

233−210=23

23 即为这个问题的最小整数解。但 23 到底是如何得到的呢？解法中第二句话是：用 3 除后剩 1，就是 70，用 5 除后剩 1，就是 21，用 7 除后剩 1，就是 15；106 以上的数，减去 105 就可以得到答案了。那么 70、21、15 这 3 个数字是解决这个问题的关键数字。我们可以写出：

140=2×70，63=3×21，30=2×15

问题是 70、21、15 这 3 个数字又是怎么来的呢？还有 105 这个数是怎么来的呢？再经过进一步的分析可以发现：

70 是 5 和 7 的公倍数，用 3 去除它余数是 1；

21 是 3 和 7 的公倍数，用 5 去除它余数是 1；

15 是 3 和 5 的公倍数，用 7 去除它余数是 1。

若将被除数乘以整数倍，除数不变，那么所得到的余数也会乘以同样的倍数，因此有：

2×70 是 5 和 7 的公倍数，用 3 去除它余数是 2；

3×21 是 3 和 7 的公倍数，用 5 去除它余数是 3；

2×15 是 3 和 5 的公倍数，用 7 去除它余数是 2。

那么，

$$2 \times 70 + 3 \times 21 + 2 \times 15 = 233$$

233 就是这样的一个数，用 3 去除它余数是 2，用 5 去除它余数是 3，用 7 去除它余数是 2。而 105 是哪里来的呢？实际上，105 是 3、5、7 的最小公倍数，即 $105 = 3 \times 5 \times 7$。而 $233 > 105 \times 2$，因此从 233 中减去两个公倍数 105，就得到了这个问题的最小正整数解 23。程大位在其《算法统宗》中对"大衍求一术"（物不知其数）的运算编了 4 句口诀：

三人同行七十稀，五树梅花廿一枝。七子团圆月正半，除百零五便得知。

在这个算法口诀中，便总结出了 70、21 和 15 这三个数字与 3、5、7 之间的关系，精辟地概括了求解方法，而且还营造出喜庆的节日气氛。这一问题流传到了后世，也有了"秦王暗点兵""鬼谷算"和"韩信点兵"等名称，也成为民众文娱活动的一个节目。杨辉在他的《续古摘奇算法》中也记录了一些"物不知数问题"，感兴趣的读者可以自行研究，看看能否得到答案：

（1）二数余一，五数余二，七数余三，九数余四，问本数。

（2）七数余一，八数余二，九数余三，问本数。

（3）十一数余三，十二数余二，十三数余一，问本数。

有西方学者指出，《孙子算经》的解法实际上符合18世纪德国著名数学家高斯提出的同余式解法，但比高斯早了1000多年，因此这个定理被公认为中国人最先发现的，被称为"中国的剩余定理"。只不过在《孙子算经》中，没有对这一定理进行明确表述。秦九韶正是由此进一步开创了对一次同余式理论的研究工作，推广了"物不知数"问题，提出了一次同余式的通用解法，并总结为"大衍求一术"。因此，这个定理也被称为"秦九韶定理"。

引葭赴岸

在《九章算术》的"勾股"章中有一道算题：

今有池方一丈，葭生其中央，出水一尺，引葭赴岸，适与岸齐，问水深，葭长各几何？

这道题的大意是，有一个方形的水池，边长为1丈，一株葭位于水池的中央，并且高出水面1尺。有人"引葭赴岸"，恰好葭与岸边相齐。问水池的深度和葭的长度是多少？

答曰：水深一丈二尺；葭长一丈三尺。

术曰：半池方自乘，以出水一尺自乘，减之，馀，倍出水除之，即得水深。加出水数，得葭长。

刘徽指出，水池边长的一半为勾，水的深度设为股，葭长设为弦。按着现在的习惯，分别名之为a，b，c。这三者符合勾股定理的关系。根据题意，葭高于水面恰是弦股之差，故有$c-b$。因此，这是一道已知勾与股差，进而求股长和弦长的问题，列出公式：

$$b=[a^2-(c-b)^2]/2(c-b)$$

$$c=(c-b)+b。$$

在 1989 年的高考试题中选用了《九章算术》勾股章的"竹高折地"。这个问题的大意是,今有一株竹子高 1 丈,被折断,末梢触地,抵地之处距离竹子的根部 3 尺,问剩余部分的高度。

刘徽指出,抵地处到竹子根部距离设为勾,剩余的高度设为股,折断部分设为弦,则竹高就是股弦 $c+b$,这是已知勾与股弦和,求股的问题,有:

$$b=[(c+b)^2-a^2]/2(c+b)$$

这两题类似,似乎并不难。

类似的题还有,有一个门户,高度比宽度多 6 尺 8 寸,两个角相距 1 丈。问此门户高与宽各多少?设户的宽度为勾 a,高为股 b,两角相距设为弦 c。这是一个已知弦 c 与股勾之差为 $b-a$,再求勾与股的问题。经刘徽的注中给出了他的解:

$$a=\frac{1}{2}\sqrt{2c^2-(b-a)^2}-\frac{1}{2}(b-a)$$

$$b=\frac{1}{2}\sqrt{2c^2-(b-a)^2}+\frac{1}{2}(b-a)$$

刘徽利用出入相补的方法,具体做法是,以勾股和 $b+a$ 为边长作正方形,称为"大方",面积为 $(a+b)^2$。在它的内部作一个"中方",其顶点在"大方"每边 a、b 的分点上,其边长自然就是 c 了,面积为 c^2。在"中方"内部作 4 个以 a、b、c 为边长的勾股形,每一个面积为 $ab/2$,称为"朱幂"。在"中方"除去 4 个勾股形,余下一个以 $b-a$ 为边长的正方形,它被称为"黄方",面积为 $(b-a)^2$,"大方"有 8 个"朱幂"和 1 个"黄幂","中方"有 4 个"朱幂"和 1 个"黄幂"。因此,"中方"减去半个"黄幂"等于半个"大方",即:

$$(b+a)^2/2=c^2-(b-a)^2/2,\quad (b+a)^2/4=[c^2-(b-a)^2/2]/2。$$

这样,就可得到:

$$\frac{1}{2}(b+a) = \sqrt{\frac{1}{2}\left(c^2 - \frac{1}{2}(b-a)^2\right)} = \frac{1}{2}\sqrt{2c^2 - (b-a)^2}$$

并且借助 $a=[(b+a)/2]-(b-a)/2$，$b=[(b+a)/2]+(b-a)/2$
可证明上述公式。

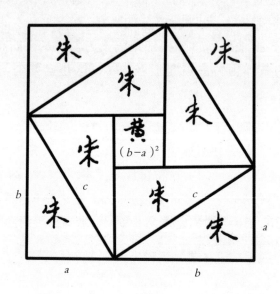

已知弦与股勾差求勾股的证明图

《九章算术》还有类似的问题，有一个门户不知高与宽，有人持一个竹竿，不知长短，横着出门，长了 4 尺，竖着出门，长了 2 尺，斜着正好能出门。问门的高、宽、斜各是多少？《九章算术》中的答案是：

$$a = \sqrt{2(c-a)(c-b)} + (c-b)$$

$$b = \sqrt{2(c-a)(c-b)} + (c-a)$$

$$c = \sqrt{2(c-a)(c-b)} + (c-b) + (c-a)$$

刘徽借助类似的方法得出了这 3 个公式。

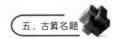

竹节容积

《九章算术》的"均输"章中讲到了分数运算的应用问题，如：

今有竹九节，下三节容四升，上四节容三升，问中间二节欲均容，各多少？

答曰：下初，一升、六十六分升之二十九，次一升、六十六分升之二十二，次一升、六十六分升之一十五，次一升、六十六分升之八，次一升、六十六分升之一，次六十六分升之六十，次六十六分升之五十三，次六十六分升之四十六，次六十六分升之三十九。

术曰：以下三节分四升为下率，以上四节分三升为上率。上下率以少减多，馀为实。置四节、三节，各半之，以减九节，馀为法。实如法得一升，即衰相去也。下率，一升、少半升者，下第二节容也。

这道题大意是说，竹长 9 节，上细下粗，每节的容积差相等。已知下 3 节容积和为 4 升，上 4 节容积和为 3 升，问中央 2 节的容积是多少？

这道题应该先求出相邻 2 节的差数，下 3 节，平均每节容积为 $\frac{4}{3}$ 升，上 4 节，平均每节容积 $\frac{3}{4}$ 升，下 3 节与上 4 节的中心点相距的节数为：

$$9 - \frac{3}{2} - \frac{4}{2} = \frac{11}{2} （节）。$$

下 3 节与上 4 节的容量差为：

$$9 - \frac{3}{2} - \frac{4}{2} = \frac{11}{2} （升），$$

相邻两节差数为：

$$\frac{7}{12} \div \frac{11}{2} = \frac{7}{66} （升），$$

这样就可得中间 2 节的容积数为：

$$1\frac{8}{66} 升和 1\frac{1}{66} 升。$$

读者也可以自行计算，看看是否能够得到相同的结果。这样的分数运算也可以作为解决等差级数问题的辅助工具。

六、计算之法

　　《九章算术》中提到的各种测量方法的研究，是刘徽等人进行测量方法研究的基础。《九章算术》中共列了 54 道题来详解测量方法，这些问题大致反映出两类方法：一类是直接法，如直接用步伐测或用尺量，一般是用来计算各种图形的面积或体积。另一类是间接法，利用"勾股术"进行测量，一般是用于无法直接测量或太长太远的距离和高度等。在利用间接法进行测量和计算时往往会用相似三角形的知识。再具体地讲，其中包括了"立表法""连索法""参直法"和"累矩法"等。在《九章算术》记录的问题当中，直接法和间接法总是搭配起来共同使用。

割圆术

　　"割圆术"是什么？从字面意思上看，是一种割开圆的办法。这是刘徽提出的重要方法，是刘徽研究的重头戏。

　　相传，"割圆术"的来由还有个趣闻。有一天，石匠在切割石头制作柱子，刘徽偶然路过，甚是好奇，一块近似方形的大石怎能制作成圆柱呢，便驻足细细观察。石匠先切去石柱的 4 个角，石柱便有了 8 个角，再去掉刚切出 8 个角，重复动作，把切出的一个个角再切掉，直到侧面十分圆滑。刘徽受到了启发，四边形被不断分割就成了圆，从而产生了"割圆"的想法。

　　其实，自先秦以来，计算圆的相关数值固用《周髀算经》中"周三径一"，即圆周周长与直径的比率为 3：1 的方法。使用"周三径一"，

把 3 作为圆周率，结果和真实数值往往相差比较大。刘徽并不因袭旧说，他想找到新的方法求得更准确的圆周率。东汉时期张衡是从圆的外切正方形着手，通过求外切正方形的方法得到的数值比原先的算法误差小一些，但是这样算出的圆周长仍然是偏大的。

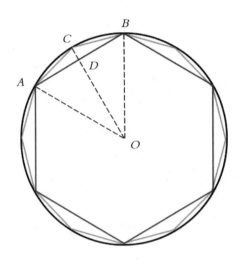

"割圆术"示意图

旧的方法是把圆近似成圆的内接正六边形，通过求圆内接正六边形的周长来求得圆的周长。刘徽提出了"割圆"的方法，多次进行等分，倍增其内接图形的边数，就能不断接近圆的周长。

用正十二边形、正二十四边形……逐次均等分割圆周，使内接正多边形的周长越来越接近圆的周长。不断地分割下去，直到再也无法进行分割，边数接近无穷大时，内接正多边形就

《周髀算经》

"等同"圆了。这就是"割圆术"的思想。

> 割之弥细，所失弥少，割之又割以至于不可割，则与圆合体而无所失矣。

刘徽的这段记述包含着无穷小分割的思想和化曲为直的极限思想，为后世对圆周率的研究提供了基本算法和理论基础。可见，"割圆术"通过不断倍增圆内接正多边形的边数，用圆内接正多边形的面积无限逼近圆面积，并以此求得较为精确的圆周率。

刘徽首先利用"割圆术"算到了正3072边形，求出了两个近似数值为3.1415和3.1416的圆周率，后世称为"徽率"。这是一个比较精准的圆周率，到现在我们仍在使用圆周率为3.14或3.1416进行近似计算。在当时，刘徽用筹算法计算已属不易，更何况是运算这样的超大数字。古希腊的数学家阿基米德曾算到了圆内接正96边形。

"割圆术"为计算圆周率建立了严密的理论和完善的算法，其中蕴含的数学方法也值得后人发扬。比如，数形结合的方法，使计算方法更为直观，易于学者理解和领悟；出入相补、以盈补虚的方法；特别是求极限的方法，不断倍增圆内接正多边形的边数去逼近圆周长，等等。

无论是数学本身的价值还是文化层面上的意义，求解圆周率数值，特别是"割圆术"是古代数学史上璀璨的明珠。

方程术（一）

古人对方程的研究是比较早的，但是，要注意的是，古人说的"方程"与今人讲的方程是有些不同的。按照数学史家郭书春的解释，现在的"方程"一词对应的是英文equation。这是19世纪中叶中国数学家和翻译家李善兰与英国人士伟力亚烈合译《代数学》时确定的。然而，中国古人的"方程"，其中的"方"字的意思是"并"，是将两条船并在一起、船头拴在一起才是"方"。"程"的意思是"标准"，这里带有动词的词性，

即求个标准。可见，方程就是把一组物品的一个一个的数量关系并列起来，再求出各物的数量标准。正如刘徽在为《九章算术》的"方程"章作注时所指出的：

> 群物总杂，各列有数，总言其实。令每行为率，二物者再程，三物者三程，皆如物数程之，并列为行，故谓之方程。

这是说，有几个未知数就要有几个等式。更为重要的是，"令每行为率"要把方程看作有序的，即有方向性的数组，大体相当于现在的线性代数理论中的行向量。因此，方程可用分离系数法表示，按着今天的表示方式，每一行自上而下排列，而不用写出来未知数的符号，而常数项放置在最下方。在此，以"方程"章中的第1问为例：

> 今有上禾三秉，中禾二秉，下禾一秉，实三十九斗；上禾二秉，中禾三秉，下禾一秉，实三十四斗；上禾一秉，中禾二秉，下禾三秉，实二十六斗；问上、中、下禾实一秉各几何？

设上禾实一秉 x，中禾实一秉 y，下禾实一秉 z，列出方程：

$$\begin{cases} 3x+2y+z=39 & （1） \\ 2x+3y+z=34 & （2） \\ x+2y+3z=26 & （3） \end{cases}$$

在讲到线性方程组的求解方法时，在《九章算术》中还专门介绍了"方程术"，其核心是"直除法"。在消元过程中，逐个消除未知数的个数和方程的行数（现在也应该叫个数），使得每个行（方程式）中只有一个未知数，而后再相继求出未知数的解。但是，要注意的是，这里的"除"是消除之意，"直除"就是直减。这是为了消除某一行（即某一方程式）的某个未知数的系数，要用另一行的同一个未知数的系数乘以这某一行所有的数，而后用另一行一次对减某一行，直至某一行的该系数为零，即消去某个未知数。刘徽认为，"举率以相减，不害系数之课也"。大意是，这种"直除"就是整个方程求解的理论基础。同样，以"方程"

章第 1 问举例说明，但是，为了读者看起来方便，其方程以现代的形式来呈现，见（1）（2）（3）诸式。

以（1）式的 x 的系数 3 乘以（2）式中的各个项得到：

$$6x+9y+3z=102 \quad （4）$$

（4）式减 2 倍的（1）式得：

$$5y+z=24 \quad （5）$$

再以（1）式 x 的系数 3 乘以（3）式得到：

$$3x+6y+9z=78 \quad （6）$$

以（6）式减（1）式，得到：

$$4y+8z=39 \quad （7）$$

下面，以（1）（2）（3）式写成（Ⅰ）式，以（1）（5）（7）写成（Ⅱ）式。

系数 5 乘以（7）式，得：

$$20y+40z=195 \quad （8）$$

（8）式再减去 4 倍的（5）式得：

$$36z=99，$$

以 9 约之得：

$$4z=11 \quad （9）$$

再把（1）（5）（9）写成（Ⅲ）式。

而后，利用代入法，将中列与右列分别化成 $4y=17$，$4x=37$，最后得到（Ⅳ）式。

1 2 3	3	3	4
2 3 2	4 5 2	5 2	4
3 1 1	8 1 1	4 1 1	4
26 34 39	39 24 39	11 24 39	11 17 37
（Ⅰ）	（Ⅱ）	（Ⅲ）	（Ⅳ）

最后得到的各解是 $x=37/4$，$y=17/4$，$z=11/4$。

这个消元的过程颇适用今天行列式的形式，即：

1	2	3		0	0	3		0	0	3		0	0	4
2	3	2		4	5	2		0	5	2		0	4	0
3	1	1		8	1	1		4	1	1		4	0	0
26	34	39		39	24	39		11	24	39		11	17	37

对此，著名的数学家和数学史家吴文俊认为，代数是中国古代数学中最为发达的部分，《九章算术》是一部算法大全，有着世界上最早的几何学、最古老的方程组和矩阵。他还认为，中国人的祖先注重实际问题的解决，数据与数据之间必有某种联系，这种联系是通过方程式呈现的。

方程术（二）

在《九章算术》中，还有一些解方程的方法。

例如，互乘相消法。《九章算术》中的"牛羊直（值）金"问题是这样的："今有牛五、羊二，直金十两；牛二、羊五，直金八两。问牛、羊各直金几何？"这个问题列出方程是较为简单的，设牛直金 x，羊直金 y，得方程：

$$\begin{cases} 5x+2y=10 & （1） \\ 2x+5y=8 & （2） \end{cases}$$

刘徽的作法是，用（1）式中 x 的系数 5 乘以（2）式，用（2）式中 x 的系数 2 乘以（1）式得到：

$$\begin{cases} 10x+4y=20 & （3） \\ 10x+25y=40 & （4） \end{cases}$$

两式相减，得到：

$$21y=20$$

$$y=20/21$$

可见，互乘法是比较简单的。遗憾的是，刘徽提出的这种方法并未引起重视。直到宋朝，贾宪在他的"细草"中使用互乘相消法，如"方程"章第5问，即：

今有上禾六秉，损实一斗八升，当下禾一十秉；下禾一十五秉，损实五升，当上禾五秉。

问上、下禾实一秉各几何？

设上禾实一秉 x，下禾实一秉 y，列出方程：

$$\begin{cases} 6x-10y=18 \\ -5x+15y=5 \end{cases}$$

虽然贾宪使用互乘相消法，但有的题他仍然用直除法，因为有些方程题用直除法是比较简便的。然而，秦九韶则不同，他完全取消了直除法，而全用互乘相消法了。而且，为了计算方便，秦九韶在进行互乘法之前，要先求出两个乘数的公约数，进行约化之后，再互乘，显得更加简捷。

损益术

方程解法中还有"损益术"。这也是一种求解方程的解法《九章算术》的"方程"章中有"损之曰益、益之曰损"的句子。这是讲的移项之法，即在方程式的一端的"损"，相当于方程式的另一端的"益"。反过来，在方程式的一端的"益"，相当于方程式的另一端的"损"。例如，

今有上禾七秉，损实一斗，益之下禾二秉，而实一十斗；下禾八秉，益实一斗，与上禾二秉，而实一十斗。

问上、下禾实一秉各几何？

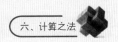

设上禾实一秉 x，下禾实一秉 y，按着题意列得方程是：

$$\begin{cases} (7x-1)+2y=10 \\ 2x+(8y+1)=10 \end{cases}$$

"损益"之后，即变形为：

$$\begin{cases} 7x+2y=11 \\ 2x+8y=9 \end{cases}$$

又如，

　　今有上禾五秉，损实一斗一升，当下禾七秉；上禾七秉，损实二斗五升，当下禾五秉。
　　问上、下禾实一秉各几何？

同样，上禾实一秉 x，下禾实一秉 y，得方程：

$$\begin{cases} 5x-11=7y \\ 7x-25=5y \end{cases}$$

"损益"之后，变形为：

$$\begin{cases} 5x-7y=11 \\ 7x-5y=25 \end{cases}$$

类似的还有另一个问题，即：

　　今有二马、一牛价过一万，如半马之价；一马、二牛价不满一万，如半牛之价。
　　问牛、马价各几何？

同样，先设牛价 x，马价 y，列出两个方程：

$$\begin{cases} (2x+y)-10000=x/2 \\ 10000-(x+2y)=y/2 \end{cases}$$

"损益"之后，变形为：

$$3x/2+y=10000$$

$$x+5y/2=10000$$

由此方程得解。

方程术（三）

在方程章中，刘徽还提出了新的方法。这种方法是借助各行（各个方程式）进行加减，用某行来消去别的行的常数项或某些未知量，使每行只剩下两个未知量，再求出诸未知量的相与之率，且就某一行，或利用已有的"术"（方法）化成同为某物之数，或利用"衰分术"求解。在《九章算术》中的"燕雀"问题，刘徽用新的方法求解。"燕雀"问题是：

五只雀、六只燕，共重1斤（等于16两），雀重燕轻，互换其中一只，恰好一样重。

问：每只雀、燕的重量各为多少？

设每只雀重 x 两，每只燕重 y 两，得方程：

$$\begin{cases} 4x+y=x+5y \\ 5x+6y=16 \end{cases}$$

"损益"之后，变形为：

$$\begin{cases} 3x-4y=0 & （1） \\ 5x+6y=16 & （2） \end{cases}$$

由于第（1）式已经无常数项，故而可得：

x ： y=4 ： 3

而第（2）式可变形为：

$5x+6 \times 3x/4=16$，

$19x/2=16$，

$x=32/19$，

$y=24/19$

刘徽在解题（"麻麦"）之时，用旧法只用 77 步运算即可得解，而使用新的方法则要用 124 步。由此可见，刘徽的方法不只是为了从烦琐到简捷，还有为解决各种问题不断探索，寻求更多的方法，使数理取得进步。

在具体运用解方程的问题，有一道"牲畜买卖"的题：

今有卖牛二、羊五，以买十三豕（shǐ，猪），有余钱一千；卖牛三、豕三，以买九羊，钱适足；卖羊六、豕八，以买五牛，钱不足六百。问牛、羊、豕价各几何？

《九章算术》中也给出了这道题的解法：

如方程，置牛二、羊五正，豕十三负，余钱数正；次置牛三正，羊九负，豕三正；次置牛五负，羊六正，豕八正，不足钱负。以正负术入之。

设牛价 x，羊价 y，豕价 z，得方程：

$$\begin{cases} 2x+5y-13z=1000 \\ 3x-9y+3z=0 \\ -5x+6y+8z=-600 \end{cases}$$

解并不难求，解法的核心是"遍乘直除"，相当于今天仍有重要应用的方程解法——"高斯消元法"。但这个问题的意义在于，设"卖"

为正、"买"为负。这是世界上首次使用正负数来解决实际问题，而欧洲在 18 世纪时个别数学家还把小于零的数看作不可思议的。刘徽认为："两算得失相反，要令正、负以名之。""两算"就是两种算筹。为了从算筹上区别正负数，他指出："正算赤，负算黑，否则以邪正为异。"用颜色区别正负数，简单明了，而且易于推广。

隙积术

作为开拓者，沈括对数学的发展也有很大的贡献。他在研究《九章算术》时，注意到"刍童"的立体体积公式，无疑是完备的。但沈括注意到其间"隙"的存在，为此提出"隙积"问题，进而提出"隙积术"。所谓"隙积"就是像棋子、坛子等物体垒起来后，如何求和。设隙积物品的上底宽为 a_1、长为 b_1，下底宽 a_2、长为 b_2，高 n 层，且 $a_2-a_1=b_2-b_1=n-1$，由此，沈括的"隙积术"为：

$$s=a_1b_1+(a_1+1)(b_1+1)+(a_1+2)(b_1+2)+\cdots\cdots+a_2b_2$$

$$=(n/6)[(2a_1+a_2)b_1+(2a_2+a_1)b_2+(a_2-a_1)]$$

可见，"隙积术"相当于二阶等差数列的求和问题。此后，南宋杨辉又将"隙积术"有所发展，他在《详解九章算法》中提出"四隅垛"求积问题，得到公式 $S_n=1^2+2^2+3^2+\cdots+n^2=\dfrac{1}{3}n(n+1)(n+\dfrac{1}{2})$。

方垛术

关于"方垛术"和"三角垛"的求积问题。这也都是二阶等差数列求和问题。这样，杨辉的公式与沈括的公式是有关联的。例如，沈括的"隙积术"中，如果令 $a_1=b_1=1$，$a_2=b_2=n$，便衍变成杨辉的"四隅垛"的公式。同样，令 $a_1=b_1$，$a_2=b_2$，便衍变出杨辉的"方垛"公式。再令 $a_1=1$，$b_1=2$，$a_2=n$，$b_2=n+1$，便成为两个"三角垛"之和了，即：

$$1\times2+2\times3+3\times4+\cdots\cdots n(n+1)=n(n+1)(n+2)/3$$

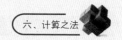

再在两端除以 2，便得到杨辉的"三角垛"公式了。

然而，关于"垛积术"，到了元朝，朱世杰再次将研究水平大大提高。在此只是将朱世杰的"三角垛公式"若干列于此处。

茭草垛（也被称为"茭草积"）：

$$S_n = \sum_{r=1}^{n} r = 1+2+3+\cdots+n = \frac{1}{2!}n(n+1)。$$

三角垛（也被称为"落一形垛"）：

$$S_n = \sum_{r=1}^{n} \frac{1}{2!}r(r+1) = 1+3+6+\cdots+\frac{1}{2}n(n+1) = \frac{1}{3!}n(n+1)(n+2)。$$

朱世杰还列举出了其他形状草垛的计算公式，在这里不再一一列举了。由今人的研究看，从这些分散的公式中发现，朱世杰已经掌握了三角垛的一般公式，即：

$$\sum_{r=1}^{n} \frac{1}{p!}r(r+1)(r+2)\cdots(r+p-1) = \frac{1}{(p+1)!}n(n+1)(n+2)\cdots(n+p)$$

当 $p=1$，2 时便是以上提到的三角形草垛计算公式。朱世杰还解决了以四角垛之积为一般项的一系列高阶等差级数求和问题，以及岚峰形草垛等更复杂的级数求和问题。

天元术

"鸡兔同笼"对于小学生可能是一道有些头疼的数学难题，一些人用猜测法来解题，选择性地假设，列出可能的整数组合，进而推算出结果。在进一步学习之后，用未知数来列方程，就能比较容易求得计算结果。

列方程，最早可追溯到汉朝，《九章算术》中已出现通过文字叙述的二次方程。唐朝王孝通已能用文字描述列出三次方程。在宋朝以前运用方程解答实际问题的方法与现在不同，推导没有固定的格式，解算过程比较烦琐。用方程求解一般有两个步骤：一是根据题目列出含有未知数的方程，二是对方程进行求根运算。北宋创立的增乘开方法，可以整齐简捷地求得高次方程正实根，推动了对列方程方法更加程序化的研究，

"天元术"应运而生。

"天元术"是宋朝数学家的重要贡献之一，是利用设未知数列方程的一种通用的求解方法，与现代数学中列方程的方式基本一致，用未知数在方程中表示待求解的值。类似于用符号 x、y 等字母指代未知数，古代则是写出"立天元一为某某"。确定未知数后，利用题中条件列出两个结果相等的式子，相消使得一端为零，然后用增乘开方法解方程求得方程的正根。

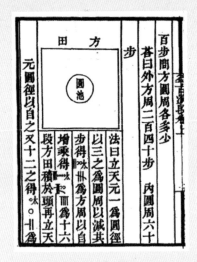

《益古演段》中关于"天元术"的记载

在 13 世纪创建的"天元术"，领先欧洲 300 多年。据记载，早在金、元之际已有关于"天元术"的著作，可惜均已失传。金元时期数学家李冶第一个对"天元术"进行了系统研究，在数学专著《测圆海镜》（12 卷）中通过解"勾股容圆"问题，完整论述了列方程的步骤、运算法则和文字符号表示方法等。他并为初学者编写了简单易懂的《益古演段》（3 卷）一书。

在"天元术"中，用算筹表示数字，用"天元"表示未知数，在相应系数旁写一个"元"或"太"（常数项）字作记号，向上每层增加一个幂。以相等多项式相减以列出方程的步骤被称为"同数相消"或者"如积相消"。这时未知数已具有纯代数意义，打破了二次方代表面积、三次方程代表体积的传统数学思想。

天元术（$x^3+336x^2+4184x+2488320=0$）

　　继"天元术"之后，我国古代解方程的方法出现了多元高次方程组，有李德载《两仪群英集臻》的天、地二元，刘大鉴《乾坤括囊》天、地、人三元，还有朱世杰的"四元术"来解四元高次方程。"天元术"是设"天元为某某"，当未知数有多个时，除了设"天元"（x）外，还要设"地元"（y）、"人元"（z）及"物元"（u），再列出二元、三元至四元的高次联立方程组，运用消元法简化成一元高次方程进行求解。在欧洲，16世纪开始能够解联立一次方程，直到18世纪法国数学家才有关于多元高次联立方程消元法的系统研究。"四元术"是我国数学史上"天元术"发展的顶峰，是我国数学史上的光辉成就之一。

　　朱世杰发展了"天元术"而提出"四元术"，用"天、地、人、物"表示未知数，列四元高次多项式方程组的方法和消元法都被记载在《四元玉鉴》中。他还写成《算学启蒙》一书，总结了当时中国各种先进的数学知识，包含"天元术"在内，形成由浅入深的完整体系，是一部著名的数学启蒙书。此外，他还创造出高阶等差数列的求和方法"垛积法"与高次内插法"招差术"。

　　《四元玉鉴》中所述"其法以元气居中，立天元一于下，地元一于左，人元一于右，物元一于上，阴阳升降，进退左右，互通变化，错综无穷"，

这个方程组的表示是将各项系数列成方阵，常数项右侧要标注"太"字，4个未知数围绕常数项的上下左右排布，高次项系数则按照幂次从小到大向外扩展。两个四元式的加减运算是常数项对准常数项后，将相应的两个系数相加减。整次幂乘除四元式运算，以 x 乘整个四元式下降一格，以 y 的幂乘左移、z 的幂乘右移、u 的幂乘上升，高次幂按照幂次进行相应的格数移动，除则与乘的方向相反。二个四元式相乘是两式对应的每项各自相乘，再将积相加。

从这种方阵形式的解方程方法来看，用算筹列成简洁的筹式运算符号，条理明晰，是中国古代筹算代数学的最高成就，也是13—14世纪的数学研究的最高成就。《四元玉鉴》中，对于求解高次联立方程组的消去法、问题的解法叙述过于简略，内容比较深奥，很难读懂，在明、清时期几近失传。

"天元术"的表示法是在未知数的一次项旁边记一个"元"字，而在常数项旁边记一个"太"字。在有的表述式中，记了"元"字就不在常数项旁边写"太"字了，反过来也一样。大体上说，可以写成以下4种形式：

3600	3600	6 太	6
120	120 元	120	120 元
6 太	6	3600	3600
第 1 种	第 2 种	第 3 种	第 4 种

宋元数学家多用第4种。如果在"太"字下还有数字，就属于负幂项了。如果系数是负的，李冶规定在最后一位数字上加一个斜杠，即"\"。如 -123，只在 123 的个位 3 上画斜杠（这里简写成 123\）。又如写作：

4
1\
136 太
0
246\

　　这样就大大简便了文字叙述。李冶的"天元术"所使用的这种半符号代数，各未知项的系数和常数可正可负，这比欧洲的类似形式早 300 多年。

⋮	⋮	⋮	⋮	⋮	⋮	⋮
…	物^{2}地^2	物^{2}地	物^2	人物^2	人^{2}物^2	…
…	物地^2	物地	物	人物	人^{2}物	…
…	地^2	地	太	人	人^2	…
…	地^{2}天	地天	天	天人	天人^2	…
…	地^{2}天^2	地天^2	天^2	天^{2}人	天^{2}人^2	…
…	⋮	⋮	⋮	⋮	⋮	⋮

"四元术"表示法

七、智力游戏

本章并不强调"趣味"（尽管也充满了趣味），而是要开动脑筋，开发智力，使受人喜欢的游戏能够染上一些"优雅"的色彩，甚至对其中的奥妙能略晓一二，满足爱好者的好奇心。

有趣的七巧板

七巧板是我国最古老的智力游戏玩具之一，被西方誉为"东方魔板"。七巧板由 7 块大小不同的正三角形和四边形图形组成，可以让人自由想象，任意组合成不同的图形，因而深受人们的喜爱。那么七巧板是怎么诞生的呢？接下来就来了解一下。

实际上，七巧板是由家具组合演变而来的。宋朝时期，有一位书法家和文字学家名叫黄伯思（1079—1118），他天资聪敏，又好古文奇字，是当时很有名的文人。他写了一本书名为《燕几图》，这是一本介绍家具设计的书。这本书中介绍了一种宴席用的桌子，这套桌子总共有 7 张，其中长桌 2 张，中桌 2 张，小桌 3 张，全部都是长方形的。其中长桌可坐 4 人，中桌可坐 3 人，小桌可坐 2 人。长桌、中桌和小桌可以根据招待客人时人数和菜肴的多少，进行分开和组合，以满足不同的宴会需求。黄伯思根据这些桌子之间的尺寸关系，摆出了许多不同的形状，并将这些形状进行了总结，共 20 类 40 种。

到了明朝，有一位叫戈汕的家具设计师，写了一本名叫《蝶几图》的书，也讲论家具的设计。书中的"蝶几"也是一种组合家具。但与"燕

几"的区别主要在于，"燕几"都是方形的桌子，而"蝶几"则引进了三角形和梯形的桌子。三角形和梯形的桌子能组合的图形更加丰富，包括正方形、长方形、六边形、八边形、菱形、马蹄形等百余种，这对"开宴会"更加便利，比如3个人吃饭就拼成三角形，4个人拼成正方形，6个人就拼成六边形等等。

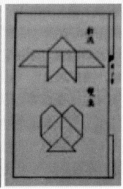

《蝶几图》与其中记载的图形示例

　　清朝，在《燕几图》和《蝶几图》的基础上，包含2块大三角形、1块中三角形、2块小三角形、1块正方形和1块平行四边形的七巧板问世。关于七巧板的最早记载则见于嘉庆十八年（1813年）的《七巧图合璧》。这种七巧板已不再作为案几使用，而成为一种可供娱乐消遣的智力游戏。

苏州揖峰轩内的七巧桌

　　自18世纪起，七巧板通过各种渠道远渡重洋，传到世界各地。首

先是朝鲜和日本，随后更是风靡大西洋两岸的美国、英国、法国和德国等国。据说在滑铁卢战败后，拿破仑在流放途中便常以七巧板为消遣。丹麦童话作家安徒生也是七巧板的忠实喜爱者，他称七巧板为"中国谜画"。

今天，七巧板大都由木板、纸板或塑料片制成，在古代也不乏象牙、牛角、玉石和金属等贵重材质制成的七巧板。这些七巧板的工艺往往非常讲究，雕刻花卉等纹样，很是精美。工匠还会特地设计放置七巧板的套盒，便于收纳，盒面通常也有精美的雕刻，或是民间故事题材，或是花鸟山水题材，艺术色彩浓重。这显然不是寻常人家所能拥有的，一般是供贵族们闲来消遣把玩。不过，上至宫廷，下至民间，社会各阶层的人士都对七巧板爱不释手。

各种材质、样式的七巧板

七巧板如此有趣，是否激起了你想要马上玩一玩的冲动呢？我们不妨立刻动手制作一套吧！其实，这并不复杂，用一支笔、一把尺子、一把剪刀和一块纸板或者纸张就可以了。如果要增加色彩，可以用画笔上色即可。在此列出制作七巧板的几个步骤。

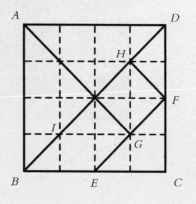

制作七巧板

（1）先在纸上画一个正方形 *ABCD*，把它分为 16 个小方格；

（2）再从左下角到右上角画一条对角线 *BD*；

（3）在右下角的 △ *BCD* 中画出 *BD* 的中位线 *EF*；

（4）再从左上角往右下角画对角线 *AG*，但停在 *EF*；

（5）找到对角线 *BD* 的四等分点 *H*、*I* 且画出线 *HF*、*IG*；

（6）最后，沿着画线的部分剪开，并给每一块图着上色。

这样，就完成了一副七巧板了。

下面就是一个依图成形的例子（左边是已知图形）。七巧板还可以拼出阿拉伯数字、英文字母和各种小动物，也可以利用七巧板设计出各种精妙的图案来！

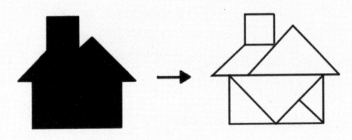

依图成形的房子

由七巧板拼成的字母

烧脑玩具九连环

九连环是一种中国传统民间智力玩具。九连环用金属丝制成9个圆环，并将圆环套在横板或者各种样式的框架上，再加个环柄，就构成了九连环。环柄有剑形、如意形、蝴蝶形、梅花形等形状。要使9个圆环全部连贯在框架上，或者经过穿套，将9个圆环全部

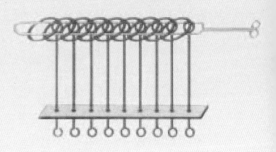

九连环

解下。不过，要完成这一系列动作可不是容易的"作业"。因为这9个圆环环环相扣，牵一发而动全身，要想顺利解开这些圆环，可得好好动些脑筋呢。因此九连环堪称名副其实的智力型经典玩具。

九连环至今有2000多年的历史了。最早记载这种玩具的是《战国策·齐策》，书中有这样一段记载：

> 襄王卒，子建立为齐王。……秦昭王尝使使者遗君王后玉连环，曰："齐多知，而解此环不？"君王后以示群臣，群臣不知解。君王后引椎椎破之，谢秦使曰："谨以解矣！"

《升庵集》

这段话的意思是说，在齐襄王死后，齐襄王的儿子田建成为新的齐王。秦国的秦昭王为了刁难齐国，派使者给王后送来一个玉连环，对王后说："听说齐人非常聪明，那能解开这个玉环吗？"王后把玉环给群臣展示，但没有人能解开。最后，王后用锤子敲破玉环，还给使者，说："这样就解开了！"也就是说，在当时已经有了这种连环的

玩具，但是否为今天所见的九连环，还难以考证。不过，从这个故事也可以看出，解开这种"连环"真不是一件容易的事。

明朝正德年间，有一位文学家杨慎著有《升庵集》（81卷），其中第68卷为《战国策》作了书评，为今人提供了珍贵的历史资料。杨慎提到在明朝，玉环已经改为金属环；而且九连环已经广泛传入民间，成为一种大众喜爱的玩具。曹雪芹还在《红楼梦》中写过林黛玉玩九连环的场景："谁知此时黛玉不在自己房中，却在宝玉房中大家解九连环顽。"

电视剧《红楼梦》（1987年版）中的一幕

九连环的玩法大致可分为摘套、摘环、解绳、交错、翻花和综合，共六大类。玩的过程中既能练脑，也能练手，对于活动手指筋骨和开发人的思维能力都有好处，而且还可以培养人的专注精神和耐心。

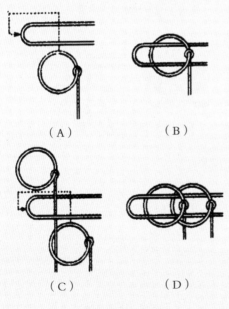

（A）　　　　　（B）

（C）　　　　　（D）

九连环上环示意图

如果想要把玩九连环，必须先知道两种基本动作，即上环和下环：

（1）套环到钗上去的基本动作是把环从下向上，通过钗心，如图（A）所示，套在钗头上形成图（B）上的形状。这个动作除第1环可以直接完成外，其余的环由于有别的环连住，都无法直接套上。但如果前面有一个邻接的环已经套在钗上，且所有的环仅有这个在钗上时，那么如图（C）所示，只要把这个环暂时移到钗头前

面，让出钗头来，后一个环就可以按虚线所示套上去，再把前一个环恢复原位，如图（D）所示，这个动作就称为"上环"。

（2）环从钗上脱下的基本动作，只需要按照上法还原，即把环从钗头脱下，再从上方通过钗心脱下去。这一个动作在第1环时随时可行，其余的环必须在前面有一个邻接的环在钗上，且前面除这一环外已无别的环在钗上时，就可以把这邻接的环移到前面一些，让出钗头，把后一环脱下，再将前一环恢复原位，这个动作就叫作"下环"。

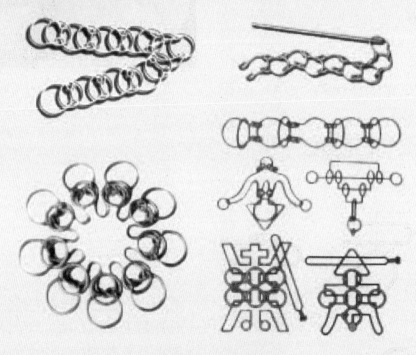

各式各样的连环玩具

了解到这两种基本动作后，玩家就可以进行把玩了。如果要单解开第1环，那么只需1步就可以完成；要解开2环，就需2步；解开3环需要5步，解4环10步，以此类推，直至解开9个环。经过计算，如果解开九连环，最少的步骤应该是341步。在一些讲述离散数学的书籍中，收录过这样的一个数列：1，2，5，10，21，42，85，170，341……这

就是九连环数列。

　　九连环的解法不是唯一的，但步数最少的方法只有一种。如果通过独立思考解开九连环，那么慢慢就会形成一套最适合自己的解析方法。

　　古时候，商人称九连环为"留客计"。由于九连环游戏过程的连续性，人们轻松解出第 1 环和第 2 环之后，便激起了解第 3 环的兴趣，直至解开所有的环。由于解九连环的难度大，耗时长，客人玩起来就会流连忘返。这就是"留客"的意思。

华容道

关羽像

　　华容道游戏的名称来自中国四大名著之一《三国演义》中第 50 回"诸葛亮智算华容，关云长义释曹操"的情节。说的是在赤壁大战中，孙刘联盟，共抗曹操，而在曹操战败之后，诸葛亮神机妙算，料定曹操必走华容道。实际上华容道就是曹军逃入华容县界后向华容县城逃跑的路线，这一带古时有沼泽湖泊，行走十分艰难，但却是必经之路。果然不出孔明所料，曹操败走华容道，难以再战。但最后关羽却因为曾受过曹操的恩惠，不顾自己曾经立下的军令状，在华容道放走了曹操。在《三国演义》中，罗贯中还为此赋诗一首：

　　曹瞒兵败走华容，正与关公狭路逢。只为当初恩义重，放开金锁走蛟龙。

曹操像

经过考证，华容古道实际上在湖南省岳阳市华容县，今天我们还可以在监利县通往华容县的路上看到华容古道碑。由于华容道游戏极富益智性和趣味性，与七巧板、九连环并称为"中国古代智力游戏三绝"。

关于华容道游戏的来历，至今说法不一。大多数人认为，这个游戏是源自中国本土，是古人发明的智力游戏。也有人认为这个游戏很有可能是由国外的同类游戏"红鬃烈马"改名并加入中国传统文化元素"本土化"而来的。

华容道是一种单人玩的拼板类游戏。棋盘的长宽比例大多为5：4，共分为20个小方格。棋盘上放有10个大小不同的棋子，其中2×2的1个正方形棋子为"曹操"，1×1的正方形棋子4个为"士兵"，2×1和1×2的矩形棋子5个为关、张、赵、马、黄五员上将。因此棋盘大小多为5×4。这些棋子每个单位的大小与棋盘的单位大小完全一样，只能与空格"交换"位置实现棋子的移动，而且在移动过程中棋子不能超出棋盘范围，也不能出现堆叠。最常见的棋子放置如图所示，此布局名为"横刀立马"，正好符合小说中"关羽义释曹操"的情节。

华容古道碑

华容道的规则也十分简单，正下方的两格空隙就是华容道的"出口"，玩家需要反复运用平移棋子的方法，有空（位）就占住，最终经过若干次移动使得"曹操"棋子移动到正下方，从出口逃走就可以了。如果只是让"曹操"逃出华容道，其实并不算很难。但是，很多玩家在将这个游戏玩得很熟练之后，会考虑如何用

华容道"横刀立马"布局及其示意图

最少的步数完成游戏。所以，华容道实际上还包含着复杂的数学计算。

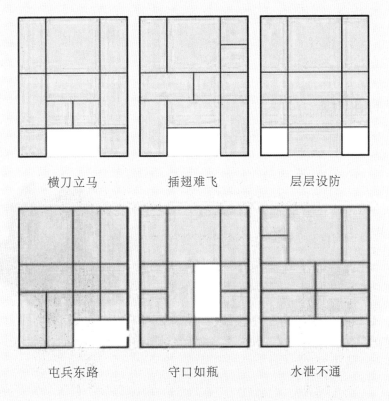

华容道不同棋子布置的开局图

现代著名的数学家许莼舫对华容道专门进行过研究。1952年，他在《数学漫谈》一书中对华容道游戏进行了细致的研究，在试验的基础上不断探索，最终总结出了100步的解法和几条游戏规则。可以概括为：4个小兵不能分开，一定要两两组合在一起；关羽、曹操等大将在移动过程中，前面需要有2个小兵开路；曹操一旦移动，后面必须有2个追赶的小兵。由于这个游戏简单易做，而且十分有趣，因此很快流传到世界各国，欧美等国也有学者对华容道进行了研究。1964年，美国的数学家马丁·加德纳便得出了"横刀立马"布局的新解法，81步便可以完成游戏，这也是目前已知的华容道"横刀立马"的最优解法。

如果将棋子的位置进行调整，就又可以产生更多的开局，从而大大增加整个游戏的难度和趣味性。如"插翅难飞""守口如瓶"和"水泄不通"等玩法，还有很多人在研究不同的开局可以产生多少种走法，以及每一种开局的最简单走法是多少步等。

神奇的鲁班锁

鲁班锁是我国民间流传很久的一种智力玩具，相传是春秋时期著名工匠鲁班发明的，鲁班被认为是我国的木匠始祖和建筑学始祖。传说，他发明了锯、刨和墨斗，甚至像墨斗线上的金属钩。鲁班锁也有传说是三国时期诸葛亮发明的，由于这种锁的原理运用了"八卦玄学"，因此也常被称为"孔明锁"和"八卦锁"。这把锁貌似简单，变化却奥妙无穷，拆起来容易拼起来难；如果不得要领，哪怕花上一天时间也不一

鲁班锁

释迦塔（应县木塔）

定能拼上。常见的鲁班锁有由6根长条形木块组成的，也有用9根长木条的。别看鲁班锁只有几根木条，但其实制作起来难度也不低。木条的凹槽放置、拼凑、挖槽的密合度稍有不足都有可能影响整体结构的稳固度。清朝唐再丰在《中外戏法图说》中就对鲁班锁进行了详细介绍。其中6根木条分别冠以"六艺"之名，即礼、乐、射、御、书、数。木条中间有缺口，几根木条就以缺口相合。通常会有一根完整的木条最后插入锁中，使其稳定，从而"锁住"结构，因此这最后一根木条也称"锁棍"。

关于鲁班发明鲁班锁，还有一个有趣的故事。相传，鲁班为了测试自己儿子的智力水平，经过巧妙构思制作了这种智力玩具。这个玩具由6块长度大小一样，但中间各有不同镂空的长条形木块组装成一个紧致牢固的积木结构。一天傍晚，鲁班当着儿子的面把鲁班锁拆开，要求他在第二天早晨天亮之前重新组装起来。鲁班的儿子天资聪颖，但为了组装鲁班锁也忙碌了整整一夜。终于，他在第二天清晨的曙光初照之时，把鲁班锁给重新组装好了。时至今日，在滕州还流传着关于鲁班锁的民谣：

　　不用钉连，不用胶合；我中有你，你中有我。阴阳拼插，卯榫成锁；严丝合缝，岂奈我何。

榫卯结构

几句民谣，道尽了鲁班锁的玄机妙理。

民谣中提到的"卯榫成锁"，实际上就是我国古代建筑中极具特色的工艺——榫卯结构。榫也叫榫头，是竹、木、石制器物或构件上利用凹凸方式连接处的凸出部分。卯也被称为"卯眼"，是利用凹凸方式进行连接的凹形部分。一榫一卯，一凸一凹，使二者能紧密地连接在一起。

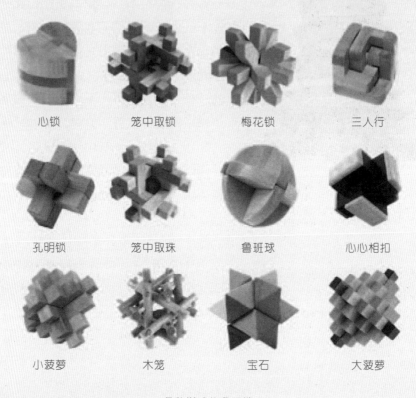

心锁	笼中取锁	梅花锁	三人行

孔明锁	笼中取珠	鲁班球	心心相扣

小菠萝	木笼	宝石	大菠萝

各种样式的鲁班锁

中国科学技术馆的外观

随着人们对鲁班锁的熟知与研究，传统的鲁班锁衍生出了多种样式。比如从常见的 6 根锁、9 根锁衍生出的笼中取锁、大菠萝、梅花锁、鲁班球等千奇百怪、复杂多变的新成员。以前鲁班锁的材质多以木材为主，少数的由竹子制成。今天的鲁班锁材质也更加多种多样，塑料、金属都可以用来制作鲁班锁。

在 2014 年 10 月召开的中德经济技术

论坛上，李克强总理将一个精巧的鲁班锁送给德国总理默克尔，相信中德之间的和合作可以不断创新，共同破解世界性难题，开启美好的未来。设计师将鲁班锁的形状与场馆本身结合在一起，建成了美轮美奂的中国科学技术馆。怎么样？是不是有一种想要去中国科学技术馆一探究竟的冲动呢？

神秘的"河图"与"洛书"

中华文化中有两种神秘的图案，称为"河图"与"洛书"。在秦朝以前的一些文献中能找到关于"河图"和"洛书"的记载。如在《尚书·顾命》中有"大玉、夷玉、天球、河图在东序"的记载；《论语·子罕》中有"凤鸟不至，河不出图，吾已矣夫"的记载；《墨子·非攻》中有"河出绿图，地出乘黄"的记载；《周易·系辞》中也有"天垂象，见吉凶，圣人象之；河出图，洛出书，圣人则之"的记载等。在这些记载中，"河图""洛书"是古代圣人即将出现的吉兆，随之而来的还有凤鸟等神兽。

春秋以后，人们进一步把"河图""洛书"的作用与把握未来联系在一起。《吕氏春秋》有曰：

龙马负图

神龟负书

圣人上知千岁，下知千岁，非意之也，盖有自云也。绿图幡薄，从此生矣。

这实际上是对先秦观点的一种深化，因为对人类社会有祥瑞作用的神物，最大的现实功能便是帮助人们把握未来，如此它吉祥庇佑的作用才能实现。在秦汉以后这种思想进一步发展，到了两汉魏晋之时，许多当时著名的哲学家、史学家、文学家如王充、张衡、刘勰等人认为，"河图"和"洛书"与八卦和五行的起源有关。

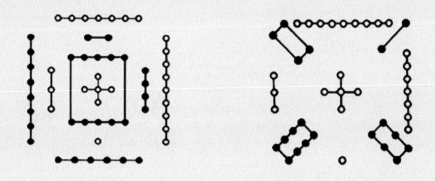

陈抟流传下来的"河图"（左）与"洛书"（右）

那么"河图"和"洛书"中记载了什么内容呢？按照一般的看法，"河图"和"洛书"应该是一种图画，而不只是文字。可惜的是，先秦时期没有关于"河图"和"洛书"的图像流传下来，出土文物中也还没有出现，文字记载中也没有具体记录"河图"和"洛书"是什么样子。由于《周易·系辞》中还提到：

天一，地二；天三，地四；天五，地六；天七，地八；天九，地十。天数五，地数五，五位相得而各有合；天数二十有五，地数三十，凡天地之数五十有五，此所以成变化而行鬼神也。

陈抟像

此处的"天数"即今天所谓的"奇数"也称为"阳数","地数"即为今天所谓的"偶数"，也称为"阴数"。从 1 到 10，所有奇数相加之和为 25；所有偶数相加，和为 30。但这并不是具体对"河图"和"洛书"的解读，只是对 1 到 10 的数字进行了描述。不过自此开始，有些人认为，"河图"和"洛书"实际上是一种数字的排列图式。

到了宋朝，关于"河图"和"洛书"的研究得到了一些发展。著名的道士陈抟（871—989）对"河图"与"洛书"进行了研究，他参考了得到的资料，并根据自己的理解，做出了"河图"与"洛书"的图象。北宋官员刘牧（1011—1064）将陈抟所作的"河图"与"洛书"图象给保存了下来。这两幅图后来略有一些变化，被南宋时期的大思想家和理学家朱熹（1130—1200）收入他撰写的《周易本义》中，并且流传到了今天。

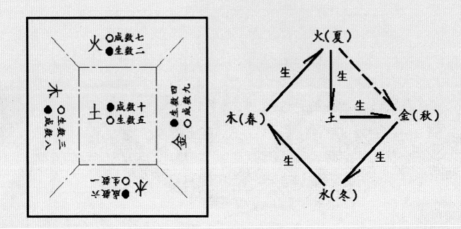

根据"河图"所成的五行相生图

　　"河图"包含了1—10共10个数，"洛书"包含了1—9共9个数。其中，黑点代表偶数，白点代表奇数。具体来说，以两个数为一组，"河图"可以分为5个数组，其中，5、10在中间，其余数字环绕在四周，按照顺时针顺序，7、2在上侧，9、4在左侧，6、1在下侧，8、3在左侧。"洛书"则是3排3列的数字阵列，也可以看作5在中间，其余8个数位于四周的8个方向。并且"河图洛书"的数字排列形成了一些规律。对于"河图"来说，除了中间的5、10之外，四周的数字，在纵向或横向的4个数字，其偶数的和与奇数的和相等，比如纵向数字为7、2和1、6，其中偶数之和2+6等于奇数之和7+1；横向数字为8、3和4、9，其中偶数之和8+4等于奇数之和3+9。此外，"河图"中每对数字的差是相等的。上侧为7-2=5，下侧为6-1=5，左侧为8-3=5，右侧为9-4=5；中间为10-5=5，每对数字的差均是5。而对于"洛书"来说，纵、横、斜3条线，数字之和都是15。此外，以位于中间的数5为中心，5与周围数字形成了纵、横、斜线，每条线上的两个数字与5的差是相同的。

为何说"河图"和"洛书"是八卦与五行的起源呢？在汉朝，有一位辞赋家和思想家名叫扬雄（前53—18），他博览群书，尤其对《易经》研究深刻。扬雄曾著有《太玄》一书，其中提到了"河图"的时空架构：

三八为木，为东方，为春，日甲乙，辰寅卯，帝太昊，神句芒；

四九为金，为西方，为秋，日庚辛，辰申酉，帝少昊，神蓐收；

二七为火，为南方，为夏，日丙丁，辰巳午，帝炎帝，神祝融；

一六为水，为北方，为冬，日壬癸，辰子亥，帝颛顼，神玄冥；

五五为土，为中央，为四维，日戊己，辰辰未戌丑，帝皇帝，神后土。

如果按照扬雄的观点，就可以把"河图"理解成，从北方"水"开始按照顺时针走向，就恰好能够得到：

水（冬）生木（春），木（春）生火（夏），火（夏）生土（中央），土（中央）生金（秋），金（秋）生水（冬）。

这样就形成了"五行相生"的周期循环。而且春、夏、秋、冬所对应的"天地之数"8、7、9、6也正好与《礼记·月令》中记载的四季之数相合。那么如果再进行一些调整，还可以进一步得到"五行相克图"。因此总的来说，"河图"隐藏了"五行相生相克"的规律。

下面再看"洛书"。如果将"洛书"以数字形式表达出来，便可以得到如下所示的"九宫图"，也称为"三阶幻方"。"九宫图"中的纵与横3列以及两条对角线的数字之和都是15。如果在"九宫图"的周边8格中放入文王八卦，就成为了"九宫八卦图"。"九宫八卦图"是古代史官推演天道的重要手段之一。

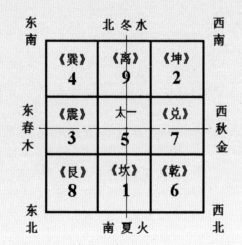

从"洛书"而来的"九宫图"以及"九宫八卦图"

除了与八卦和五行有关外，还有学者认为"河图"和"洛书"与古代制定历法、绘制地图、记录气候等均有关系。值得一提的是，程大位的《算法统宗》首篇就将"河图""洛书"收入其中，并且他认为"河图"和"洛书"也是数学的起源。总而言之，"河图"与"洛书"都蕴含了多样化的规律，可以用于解释各种现象，别看画出来只是一个简单的数字阵列，其中也体现了古人的智慧。

纵横图（幻方）

实际上，"纵横图"就是由"洛书"得到的"九宫图"的别称，国外称为"幻方"。从"洛书"中得到的"九宫图"是我国最早的"三阶幻方"，同时也是世界上最早的"三阶幻方"。所谓"幻方"，一般就是指把从 1 到 n^2 的自然数排成纵横各有 n 个数，并且使同行、同列以及同一对角线上的 n 个数的和都相等的一种方阵，其中还涉及离散数学的问题。由于这些数字是纵横排列的，因此也就有了"纵横图"之称。

汉朝以后，我国数学家推广"三阶幻方"而排列出了行列更多、形状各异的纵横图。长期以来，纵横图一直被看成一种有趣的游戏，直到南宋的杨辉对其进行过深入研究，才发现纵横图其实是深刻的数学问题。杨辉在他的《续古摘奇算法》一书中不仅搜集了各种类型的纵横图，而且对部分纵横图给出了构造的规则和方法，从而开创了离散数学这一新领域。

1	20	21	40	41	60	61	80	81	100
99	82	79	62	59	42	39	22	19	2
3	18	23	38	43	58	63	78	83	98
97	84	77	64	57	44	37	24	17	4
5	16	25	36	45	56	65	76	85	96
95	86	75	66	55	46	35	26	15	6
14	7	34	27	54	47	74	67	94	87
88	93	68	73	48	53	28	33	8	13
12	9	32	29	52	49	72	69	92	89
91	90	71	70	51	50	31	30	11	10

百子图（十阶幻方）

杨辉的方形纵横图共有13幅，它们是："洛书数"（三阶幻方）一幅，四四图（四阶幻方）两幅，五五图（五阶幻方）两幅，六六图（六阶幻方）两幅，七七图（七阶幻方）两幅，六十四图（八阶幻方）两幅以及九九图（九阶幻方）一幅、百子图（十阶幻方）一幅。除了方形的纵横图外，还有一些其他形状的数图，如"聚五图""聚六图""聚八图""攒九图""八阵图"和"连环图"，等等。它们都属于"纵横图"的衍化发展，图形美妙绝伦，耐人寻味，给后世数学家很大的启发，也赋予离散数学以中国的特色和独特的风格。

实际上，当 $n=3$ 的时候，9个数字只有一种排列方式，即从"洛书"

中所得到的"九宫图"。不过利用旋转和翻转可以得到8种"纵横图"，比如把行改为列，或者把第1行和第3行对调，把外圈的8个数按逆时针方向移动等等。但当 n 大于3的时候，"纵横图"的种类便会急剧地增加：当 $n=4$ 的时候，有880种"纵横图"；当 $n=5$ 的时候，能够成为"纵横图"的组合则有75万种以上。

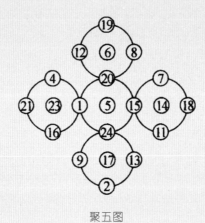

聚五图

排列"纵横图"的方法有很多，在这里简单介绍几种方法。

第一种方法："九子斜排，上下对易，左右相更，四维挺出"。这个方法也可以做出"五五图""七七图"，或者任意一个 n 为奇数的"纵横图"。在此，以"五五图"为例：

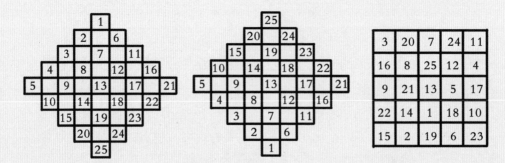

用杨辉的方法做出"五五图"

首先，将从 1—25 这些数字斜着 5 个一组排列起来，如图（左）所示，然后将每一纵列的数字最上方和最下方的两个数调换位置，若以正中间一列为例，便是将 1、7、13、19、25 变为 25、7、13、19、1，如图（中）所示。再将每一行最左端和最右端的数进行交换（在中间 5×5 格内的数字不用交换），最后以 3、11、15、23 为四角，将其余数字分别放入相应位置，便可得到"五五图"，如图所示。

第二种方法可以称为"对调法"。可用"四四图"为例：

先把 16 个数按顺序排成 4 行，然后把外四角的 4 个数按对角线对调，再把内四角的 4 个数按对角线对调，就得到一个"四四图"了。这样得到的"四四图"，除了纵横、对角的数之和相等外，还可以找到更多的规律：外四角的和等于 34，内四角的和也等于 34；如果把"四四图"分为 4 个"二二图"，那么每个"二二图"的和也是 34；上列中间两数与下列中间两数的和是 34，左行中间两数和右行中间两数的和也是 34，如图所示。

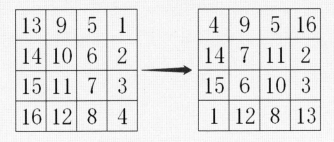

用"对调法"得到的"四四图"

第三种方法可以称为"续边法"。如果要制作一个 n 行的"纵横图"，就先制作一个 $n-2$ 行的，然后再续上边框，使之成为 n 行的"纵横图"。比如要制作"五五图"，可以先制作"三三图"，然后把"三三图"的每个数都加上 8（就是 $2n-2$），再将剩下的 1，2，3，……8，18，19，……25 这 16 个数分成 8 对，使得每对两个数的和都为 26。最后用尝试的方法把这八对数搁在边框里，使每两对数的和中心对称，使得每

行每列的和都等于65。利用这种方法可以把"三三图"扩大为"五五图"，也可以把"四四图"扩为"六六图"。从下图可以看出，这样的作法大大简化了从头填入25个数的步骤。

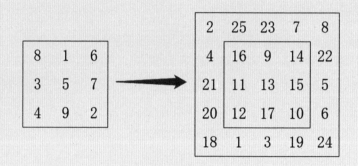

用"续边法"得到的"五五图"

1977年，美国"旅行者一号"和"旅行者二号"宇宙飞船就带上了"幻方"作为人类智慧的符号。有的科学家设想，如果外星"智慧生物"看到了"幻方"，也许就可以将其作为媒介沟通思想呢。

最后，给读者们出一个问题：能否将 -8、-6、-4、-2、0、2、4、6、8这9个数，填入"三阶幻方"中，要求使每一列、每一行及对角线上的和都相等。提示：用杨辉的方法即可完成。

结　语

　　数学是人类物质文化和精神文明发展的产物，体现的是具有精确性的知识体系。数学应用广泛，而且博大精深。当然，人们对数学最熟悉的一面，是数学作为工具的价值，我们在这本小册子中可以明显地看到这一点；当然，这只是一个开始，或一个良好的开端。

　　中国的数学经过几千年的发展，大约到公元前 200 年才走完了数学发展的第一阶段。这一阶段可称为"萌芽时期"。"萌芽"的数学只遗留下一些零散的知识片段。

　　第二个时期起于公元前 200 年，止于 1000 年，大致处在汉唐时期，是"始创时期"。《九章算术》等一批数学典籍出现，还有刘徽和祖冲之等大数学家做出了杰出的成绩。

　　第三个时期（1000—1300）相当于宋元时期，是中国数学发展的全盛时期。这一时期的代表人物是"宋元四大家"，他们的研究工作处在世界的前沿；著名科学家沈括和郭守敬也在数学的基础研究和应用研究中取得了重要的成就。

　　第四个时期（14—20 世纪初）相当于明清时期。西方数学传入中国之后，使中国学者大开眼界，从此中国的数学发展汇入世界的潮流之中。这一时期称为"西学传入时期"。中国的数学教育工作取得了很大的成绩，数学研究工作也取得了很大的进步。

　　第五个时期（20 世纪上半叶），中国数学进入近现代数学时期。有许多数学工作者赴欧美留学，学习数学，吸收先进的数学知识，并且从组织上确立了中国的数学研究与教学体制。

　　第六个时期（20 世纪下半叶），中国迈入了数学大国的行列。21世纪初中国的数学发展表示出非常旺盛的活力，正在向数学强国的地位

冲击。

　　学习数学时，许多人都有过拼命作题和背公式的经历，或许部分人忽略了领会数学中包含的思想和方法。学习数学，要打好基础，从多方面认识数学文化的内涵，提高自身素养。

后 记

　　由于本书并非系统地对中国古代数学加以介绍，而是片段地呈现。出于趣味性的考虑，选择了一些算题，以表现古人善于计算的技能，以及其解算中运用的技巧。至于那些名人的事迹和名著的内容也略加介绍。

　　当然，数学也反映着一种智力活动，因此在本书中就单辟一章的内容，但也只是"浅尝辄止"，权作抛砖引玉吧！之所以要加上"智力游戏"这一章的内容，是为了使读者能够在学习数学之时，能够以较为轻松的心情学习数学，欣赏数学，体会知识中那些美好的东西。希望这样的学习能够愉悦心智，作为一种补充，能收获在课堂上暂缺的东西。

　　我们尽力使所写的内容能够使读者较为流畅地读下来，甚至要将一些较为艰深的内容做一些技术上的处理。这是需要下一些功夫的。这无论是从认真负责的态度，还是从追求较为完善的初衷来看，都是值得称道的。